技術者からみた

日本列島の地震と地盤

稲田倍穂 著

鹿島出版会

技術者からみた

日本列島の地震と地盤

まえがき

本文に入る前に、地質や地震にかかわる学者でもない門外漢の私が、あえてこのような一編をまとめてみたいと思ったいきさつを少し述べておきましょう。

私事で恐縮ですが、まず簡単な自己紹介から始めます。

私は1923(大正12)年生まれですから今年90歳になりました。四国松山の近くで生まれましたが、1940(昭和15)年に海を渡って現在の中国東北部で就職、翌年、旧満州国の首都新京にあった工業大学の土木学科に入りました。しかし太平洋戦争が2年経過した1943(昭和18)年12月1日に繰り上げ卒業となり、第一回学徒出陣として工兵第29連隊（旧満州国奉天省鉄嶺）に入隊しました。2年後の1945(昭和20)年8月9日にソ連軍の侵攻を受けた私たちの部隊は転戦中の同月29日、大興安嶺の東麓で終戦命令によって矛を収め、その日から私は戦時捕虜となりました。酷寒と飢餓と労働の三重苦に加え、ソ連側と日本側の板挟みとなったシベリアの民主運動に苦しんだ抑留生活を終え、冬の気配がかすかに窺えるナホトカから、日本海を横断して、残暑の舞鶴に復員したのは1949(昭和24)年9月18日でした。

戦後の私は1950年から1968年までの18年を建設省と日本道路公団、次の3年間を民間のコンサルタント、そして1971年から1995年までの24年間を東海大学工学部土木工学科に勤務して、計45年間の職務を終えました。仕事の内容はいずれも河川堤防、国道、高速道路、土地造成などの設計・施工と関連する地盤問題や土工事などの実施、それらに関する教育でした。戦後の技術革新と経済興隆の時期だっただけに、当時としては思い切った仕事ができたと、幸運に感謝しています。

特に仕事の内容が工事や地震などの自然災害に伴う斜面崩壊・地すべりなどの地盤災害と深い関係を持っていたので、地盤災害などの知識は必須のものでした。前記しましたとおり、私には中国東北部からシベリアのウラルまで、若い頃に心ならずも往復して、ユーラシア大陸の中国やシベリアの大地に身を置いた一時期がありました。そこで得た知識や経験は未熟な知見にすぎなかったかもしれませんが、後年になって、この時に蓄えた体験が、大陸地塊と縁辺列島の相違などを知る手がかりとして、私にとってこれほど役立つとは夢にも思っていませんでした。

*

さて、日本列島が東日本大震災という未曾有の大災害に見舞われた2011年3月11日から3年が経過しようとしています。日本列島では年代を経るに従って、地震、津波、台風、豪雨などによって発生する山腹崩壊、土石流、道路や家屋の地盤破壊など、自然災害と人的被害が次第に激しくなってきたように思われます。

なぜ日本列島の地殻や地盤には脆弱な箇所が多く、大陸の国々よりも天変地異が多いのでしょうか？　日本列島の基礎（土台）を形成する地殻や地盤は、中国やシベリアなどの広大な地盤と異なるところがあるのでしょうか？　公職から退いて暮らす日々になってから、そのような疑問に自問自答する日々もしばしばあったように思います。

地盤の工学的な性質は、近年少しずつ明らかにされてきましたが、自然の堆積物である地盤は、場所によって千差万別であり、地震による地盤災害の現象も千変万化の状態を呈しています。新旧岩石質の地盤、硬軟さまざまに固結した地盤、液状化した地盤など、地球科学・地形地質学分野の知見を踏まえて、技術者はそれぞれの立場に拠りながら、地震で引き起こされる未知の問題と取り組まなければなりません。

また、海底に生じる地震についても、最近かなり明らかにされてきましたが、目に見えない深海では自然の力と対抗する地殻や地盤の耐震性に関して、まだ十分に明らかにされているとはいえないようです。私は、今日ほど海底地殻の実態を知る必要に迫られている時代はないと思っています。小型の計器などには、驚くほどの関心を持って、優れた対応をみせる日本人ですから、きっと素晴らしい調査手段を駆使して、深海底の実態を明るみに出し、地震や津波に対応する技術を見出してくれるものと期待しています。

*

私がこれまでに蓄えてきた知見は極めてわずかなものにすぎませんが、防災日本をつくる一助にもなればと、浅学非才を顧みずこの一編をまとめてみました。ただし本書の表題の中に取り込みました「日本列島」と呼ぶ領域は、おおよそ北の北海道から南の沖縄に及ぶ列島の大まかな範囲を指していて、国土の領海などとの厳密な関連は全く無視していることをあらかじめお断りしておきます。

以上、地震や津波あるいは地学などとは縁の薄かった私が、年寄りの冷や水と言われるようになってから筆を執るためには、多くの書物の力をお借りしなければなりませんでした。それらの中の主なものは巻末に掲げさせて頂いたとおりです。特に文献内容の一部を掲げさせて頂いた方には、直接お許しを請うのが筋ではとも考えましたが、多くの方に及ぶので参考文献として記すことで失礼させて頂きました。また、文中で紹介する方々の敬称を略させて頂いたことも併せてお許し願います。

なお、記述の中には独断による部分、思い違いや表現の間違いなどがあるかもしれませんが、すべては私の浅学非才と、年寄の妄言の故であることを申し上げ、重ねてご寛容のほどをお願い致します。

最後になりましたが、この本をまとめるにあたって、一方ならぬお世話に預かった鹿島出版会出版事業部長の橋口聖一氏ほか、多くの方々に心より厚くお礼を申しあげます。

2013 年冬

稲田 倍穂

目　次

1

地球の歴史と日本列島の生い立ち

地図に頼る表現

理工学に関連した記述で最も困難を感じるのは、文章や数式だけでは内容を十分に説明しきれないことが多いということです。このような場合に最も都合のよい補助手段は、簡単な図面などを添えて説明を加えることですが、それにもなかなか難しいことがあります。地球表面のような球形面の上に描かれたある領域の図を、平面の紙の上に移し換えるような作業は特に困難です。平面の上に引いた直線はどこから眺めても直線に見えますが、曲面の上に引いた直線はその線の真上から眺めないと直線かどうか判定できません。曲面の上に描かれた図を平面の図面として表すことは簡単にできないのでしょうか。

私は地図の作成に関しては全くの素人でしたから、地球のある領域の上から地球中心を見通して、球面をほぼ平面として取り扱うことができるような地図を見つけることにひと苦労しました。日本列島をほぼ中央において作られた世界地図では、一般に等間隔に近い縮尺の経度や緯度が取られ、それで十分役目を果たしているようです。しかし、表示範囲が狭まればその程度に応じて投影図法を変化させており、球面である地球の表面を、平面である地図に置き換えるため、数学に裏打ちされた地図投影法が選ばれているようです。そこで私は地図帳から引用できる範囲で、次に述べるような図法で書かれた地図を検討してみました。

まず、**図 1** の地図上に示した太い一点鎖線は、北半球の日本列島北関東をほぼ中心にして、西はインド洋西海岸ムンバイ南と、東は太平洋上のハワイ島を結んで、通過するルートを円筒・擬円筒図法のカブライスキー第5図法によって引いた曲線です。一方同じ図法であってもモルワイデ図法・斜軸法で描いた同じ地域の地図上で、図1に引いた線と同じルートを鎖線でたどってみると、図2に太い一点鎖線で引いた直線で表せます。そこで今度は日本を中心にして、方位図法の正距方位図法・横軸法に近似して描いた図3に、図2と同じルートを書き込んで、図3(a)および(b)を描いてみますと、このルートは地球の裏側でリオデジャネイロの南を通過して、地球をほぼ一周するルートの一部分であることがわかります。このようにして選んだ図1～図3までを比較してみると、先に示したルートの真上から直視して、日本列島とその近傍の変状などを

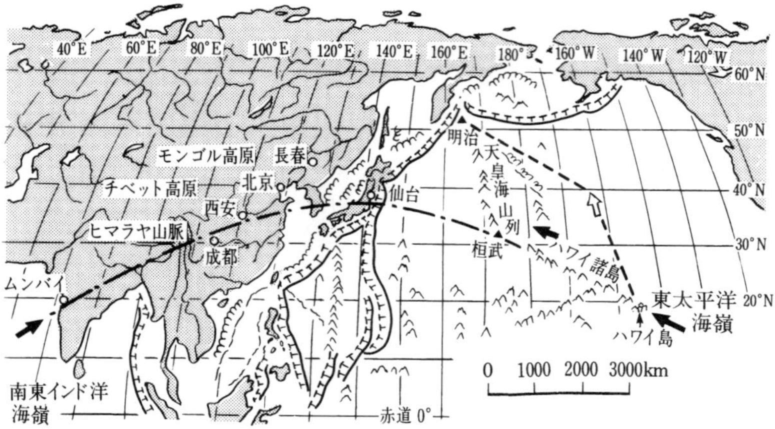

図1　カブライスキー第5図法による地形（円筒・擬円筒図法）

考えるためには、モルワイデ図法・斜軸法によって描いた**図２**が最も目的にかなうように判断されました。そこで、今後本編で取り上げる東アジアの一部地域には、原則として**図２**の方法によって表現した地図を用いることにします（私の選択が適当であるかどうかわかりません。地図の大きさにも関係しますので、もし判断ミスであったならば、深くお詫び致します)。

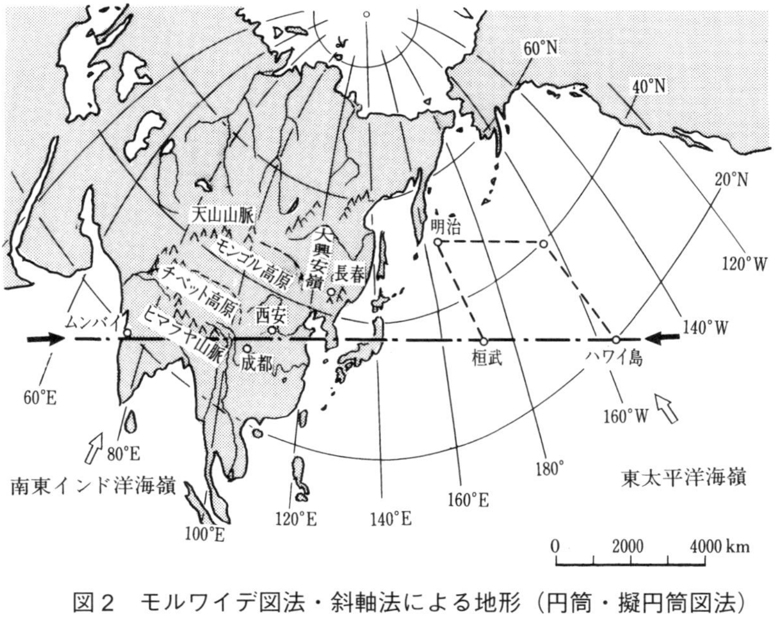

図２　モルワイデ図法・斜軸法による地形（円筒・擬円筒図法）

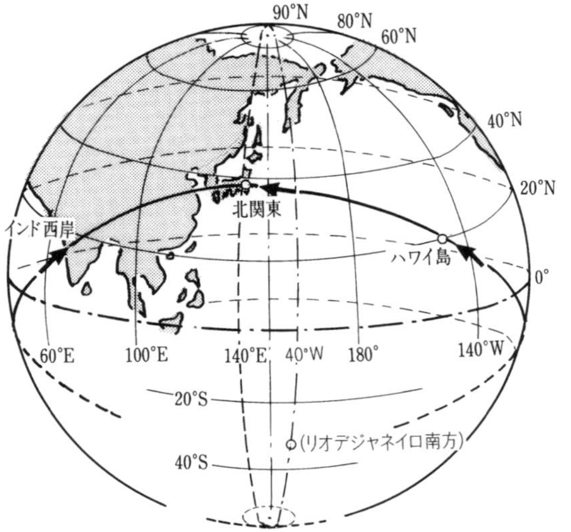

(a) 太平洋側

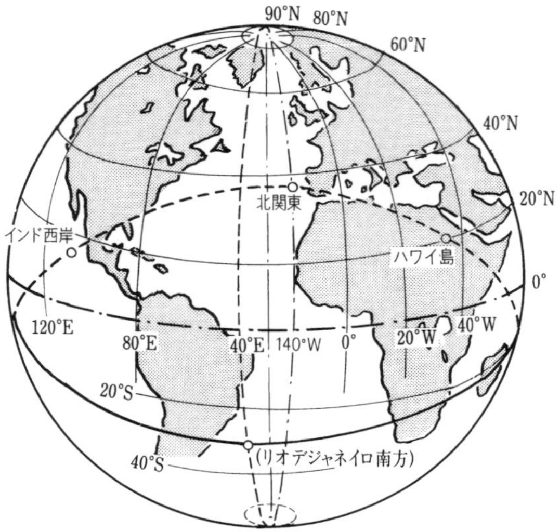

(b) 大西洋側

図３ 正矩方位図法・横軸法によるルートの状況

プレートとプルーム

地学の世界では地球の表層はプレートと呼ばれる厚い板のような岩石の物質で覆われていると考えています。地球の表面の約 7 割が海、残りの約 3 割が陸です。海の底は海洋プレート（海のプレート）で、陸地は大陸プレート（陸のプレート）と呼ばれ、いずれも岩板で構成されています。

地質学や地学などではよく「地殻」という言葉が使われます。同じ地殻であっても海のプレートと陸のプレートでは質、量ともにかなりの違いが見られます。海の地殻は主として玄武岩質の岩からなり、平均して海底から 5km ぐらいの厚さで地殻を構成しています。これに対して陸の地殻は主として花崗岩質の岩からなっていて、平均 30 ～ 50km ぐらいの厚さを持っています。

*

さて、地中にあって高温で溶融している岩石のことをマグマと呼びますが、このマグマが中央海嶺で十分に冷やされて出来上がったものがプレートです。十分冷えた海洋プレートは 100km 近い厚さを持つ岩石の板となり、その上部の厚さ 5km 近くの岩石は「海洋地殻」とも呼ばれます。プレートは硬い岩石から出来ていても、常に固定された状態ではなく、長い時間が経過するうちに曲がったり動いたりしています。一般に年間数 cm 程度のゆっくりした速度で地球の表面を移動しています。地球の表面は**図 4** のように名前がつけられた 10 枚ほどのプレートで覆われているため、それぞれのプレートが互いに衝突したり、すれ違ったり、片方のプレートが別のプレートの下に潜り込ん

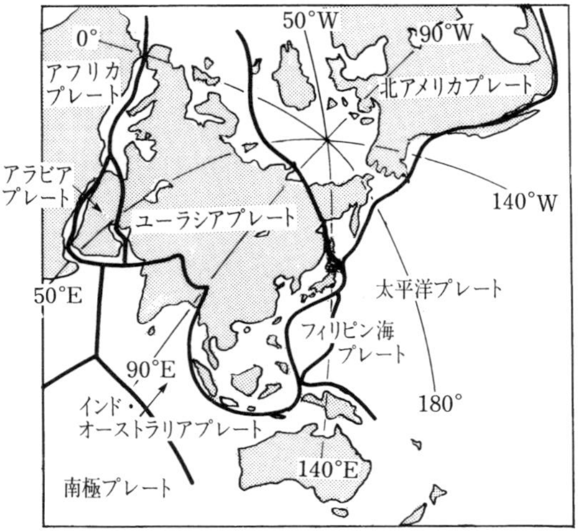

図4　日本列島周辺の主なプレート

だりしています。

プレートは、海底で互いに連続している中央海嶺で生まれます。この中央海嶺は、ほとんどが南極の周囲を取り囲むように分布していて、そのうちの大西洋インド洋海嶺が中央大西洋海嶺と結び、その反対側で北極海嶺につながっています。また中央海嶺は遠くのアラビア海にまで伸びています。このような中央海嶺の分布状態から、私はこれら中央海嶺の主なものは、プレート運動が始まった約40億年前から約10億年前までに、次々に超大陸が形成されて北上して残された跡地に形成されたのではなかろうかと推測しています。

＊

では、プレートによって包まれている地球の内部はどうなっているのでしょうか。先に示した**図2**では、ハワイ島からインド洋西岸を結ぶ地表上の線を太い一点鎖線で引いておいたので、ここではその断面に沿う地球内部の様子を**図5**のように描いてみましょう。地球の内部はこの図のようにいくつもの層からなっていて、中心部は極めて高温ですが表面は適度に冷えています。マントルは硬い岩石と同じ性質を持っていますが、大陸プレートの下に沈み込んでいった海洋プレートは、何千万年という長い時間をかけて、マントルの中をゆっくりと地球の深部に向かって進んでいきます。そして1枚の厚い板状のまま下部マントルに近づいた頃から、プレートは次第に飴状に変形を始めて大きい塊状に成長します。このように塊状のまま下部マントルを下降したプレートの残骸は、地球深部で液体状金属

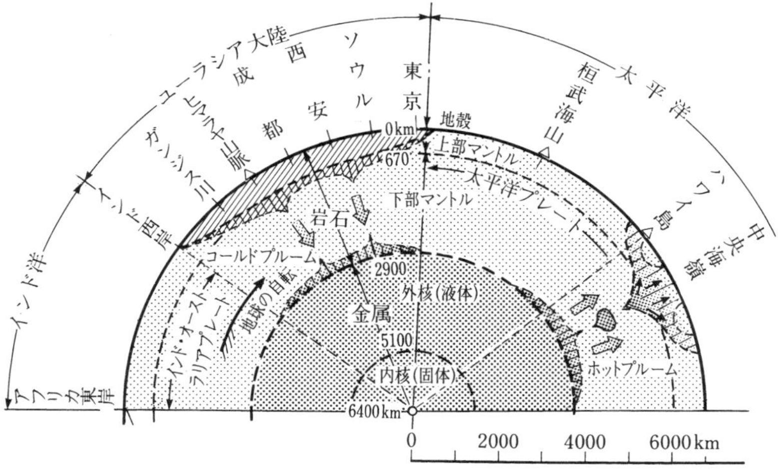

図5　地球内部の断面（プルーム・テクトニクスの概念）

に姿を変えて、溜まっている外核の上面に崩落していくのです。

以上のように地上にあった冷たいプレートの残骸が、巨大な柱になって下降する様子から、この物質をコールドプルームと呼んでいます。そしてこの巨大な低温下降流が核にまで到達すると、今度はその反作用のようにして核から地表に向かってキノコ状の巨大なプルームが上昇し始めるのです。この上昇の理由は次のように考えられています。地球の中心部である内核の温度は6000℃以上もあり、外核も5000℃を超しますから、上昇するキノコ状のホットプルームは、直径が4000kmにも及ぶ変形しやすい巨大な高温上昇流になっています。マントルは岩石からなる固体ですが、非常に長い時間をかけて高温のマントル内を上下左右に対流して移動している間に、液体の中で自由な流動ができるようになるのです。こうして出来たホットプルームは、地球内部から外部に向かって図5のように上昇して行き、中央海嶺などを経由して海底のプレートを形成すると考えられています。

以上のように、海底火山の集合である中央海嶺は、図6に示したように海底で造られ、上昇してきたマグマが海嶺の両側に分かれます。この時のマグマは高温の物質が冷えかけた塊で、誕生の地から左右に分かれそれぞれ1枚のプレートを形成して、マントルの上を前進して行きます。その行く手ではマグマを蓄えた海底火山や、煙を吐く海上の火山だけをその場所に残して、海上に姿を見せる大きい島々から、海中に深く潜ったままの小さい海山まで、全て

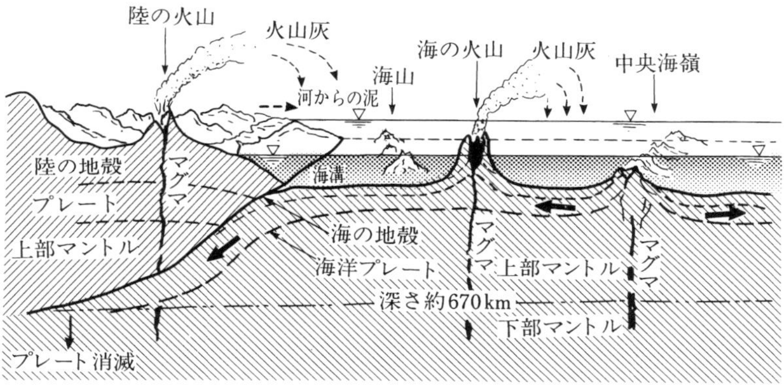

図6　プレートの誕生から消滅まで（プレート・テクトニクスの概念）

を乗せて海洋プレートは前進します。そしてやがて到達した陸のプレートを取り巻く海溝の底から、大陸の下に潜り込んでいくのです。

日本列島と呼ぶ陸のプレート

　これまでは主として太平洋プレートのような海のプレートに関連することを中心に話を進めてきましたので、次は陸のプレートに注目してみましょう。**図7**は、日本海洋データセンター（海上保安庁）がコンピュータで画像処理した日本列島周辺の地形図をスケッチさせて頂いたものです。まずこの図の太平洋側を見ると、日本列島は周辺に広がる海洋プレートから抜け出し、屹立した断崖の上に寝そべっているように見えます。その姿は誠に不安定で、ひと揺れもすれば簡単に崩れそうですが、ユーラシア大陸東縁の太平洋沿いに陸のプレートが出来たのは1億2000万年

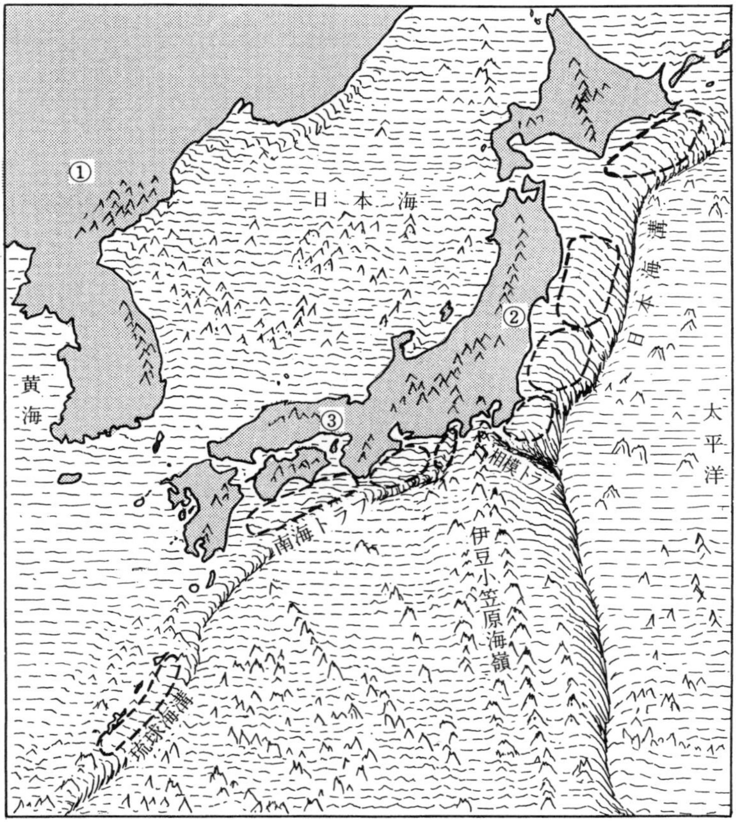

① 長春　② 仙台　③ 岡山　（- - - -） 液状化予想地帯

図 7　日本列島周辺の地形図（日本海洋データセンター処理図のスケッチ）

前の頃と推定されています。日本海溝の海面から海底までの深さは約 6000m ですが、伊豆諸島の南に行くと更に深さを増して、ゆうに 7000m を超すと言われています。しかし隣の南海トラフに沿って、2000 万年前頃に生まれた若いフィリピン海プレート沿いの海溝の深さは、4000 ～ 4500m 程度にすぎません。一方、それらより新しい 1500 万年前頃に生まれたとされる日本列島と大陸に囲まれた日本海の深さは、更に浅くて 2000 ～ 3000m 程度のようです。なお、図中に破線で囲んだ範囲は、地盤の液状化が予想される地帯として私が示したものです。

以上に述べた現在の日本列島を形成している陸のプレートについて、海面以下の深さを表した断面図を図 8 に 2 例だけ示しておきました。中国の長春（図 7 の①）と、日本の仙台（図 7 の②）を通る断面と、同じ長春と岡山（図 7 の③）を通る 2 つの断面です。それぞれ○実線と●破線で示してあります。ただし図 8 では、縦軸の深さには対数目盛の縮尺を用いていますから、地形が著しく誇張されて見えることにご注意願います。またこの図には、深発地震等深線などから推定される陸と海のプレート境界らしい線を、参考として断面図の下に付記しておきました。海面以下の深さは上の断面図と共通です。

*

私は、これまでに外海の海洋底のどこでどのような調査が行われてきたのか、実状について十分な知識を持っていません。深海に埋設した海底ケーブル設置工事の話などを折に触れて聞くことはありましたが、それらから得た知識はあまり多くありません。何分にも人が自由に行き来して観察できる場所ではありませんから、深海の海底深く掘削して地殻の実態を知ろうとすれば、どうしても大規模な調査、観測などが必要になります。いずれにしても私には荷

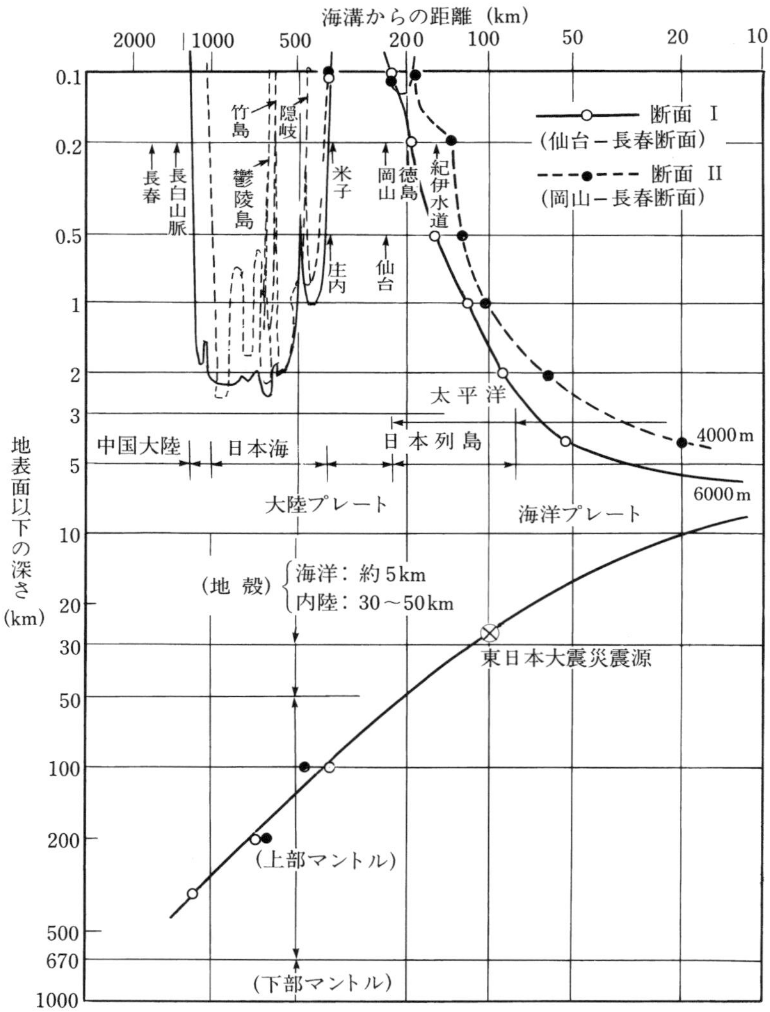
海溝からの距離 (km)
2000
1000
500
200
100
50
20
10
0.1
0.2
0.5
1
2
3
5
10
20
30
50
100
200
500
670
1000
地表面以下の深さ (km)
竹島
隠岐
長春
長白山脈
鬱陵島
米子
岡山
徳島
紀伊水道
庄内
仙台
断面 I
(仙台－長春断面)
断面 II
(岡山－長春断面)
太平洋
4000 m
6000 m
中国大陸
日本海
日本列島
大陸プレート
海洋プレート
(地殻)
海洋：約 5 km
内陸：30～50 km
東日本大震災震源
(上部マントル)
(下部マントル)

図 8　列島断面図

が勝ちすぎることばかりで、詳細な説明ができないことをご了承ください。

タービダイト（乱泥流堆積物）

まず、図９に示した断面図を見てください。この図は先に示した図６に似ていますが、この図９の方は陸のプレートに主眼を置いて、海溝の部分を大きい断面にしてお見せしています。特に大陸プレートと海洋プレートの繋がりを明らかにして、日本列島を形成している土台（基盤）との関連を示し、同時に地盤内の各部の名称なども明らかにしておきました。海岸近くの海底には内陸から河川によって運ばれてきて、河口から海に流出した大量の土砂や岩石のほか、木片などの海底堆積物が広く沈積していま

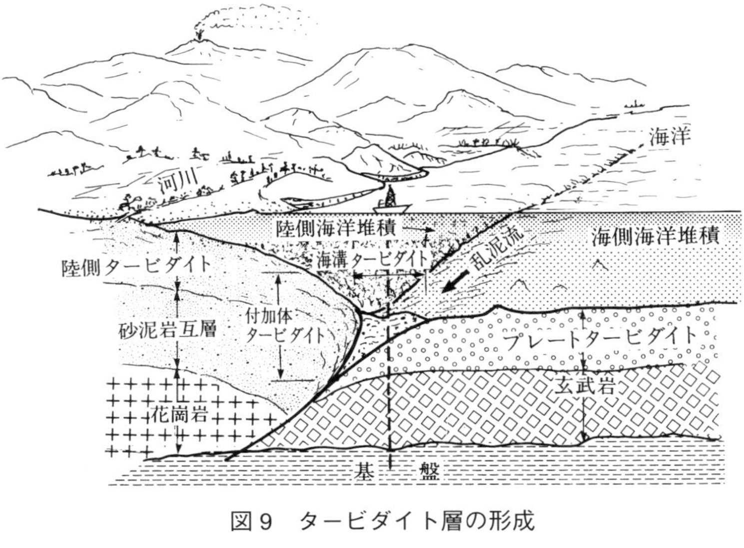

図９　タービダイト層の形成

す。日本のような火山国では、細粒で比重の小さい火山灰その他の凝灰岩質の堆積物も多いようです。これらの比較的軽量な細粒土砂が、地震や地殻変動などで海底地すべりや浅海泥流などを引き金にして、雪崩のように海中を流動して再び沈積する現象が見られます。これが乱泥流あるいは混濁流と呼ばれる海水の流動で、地震に際してこの流動が起こり、海底ケーブルが切断されるなどの被害をこうむるか、あるいは大きい津波を起こすことも多いと言われます。大規模な乱泥流が起こったときには、その流れの速度が時速 300km にも達するとされ、このような乱泥流で生じた堆積物のことをタービダイトとも呼んでいます。

*

さて、この陸のプレートの突端の部分からその下側には、海のプレートが潜り込んでいます。図 9 のようにこの領域のことを海溝と呼んでいますが、一般に図のようにタービダイトで満たされています。図 10 は、この海溝の数カ所で平朝彦らが行ったボーリングによる土質調査結果の一例を示したもので、場所は南海トラフの土佐沖、深度約 4700m の地点です（図 13 参照）。この調査結果で特に注目したいのは、タービダイト層が生まれる場所と厚さおよびその性質です。太平洋プレートは約 1 億 3000 万年前に出来たと推定されていますが、化学分析や鉱物、岩片などの調査から、フィリピン海プレートが向かう南海トラフに堆積している泥層は、富士川河口から始まり、駿河湾を通過する沿岸から集まったタービダイトであることがわかりました。トラフの海溝付近では約 100 万年前頃から埋積

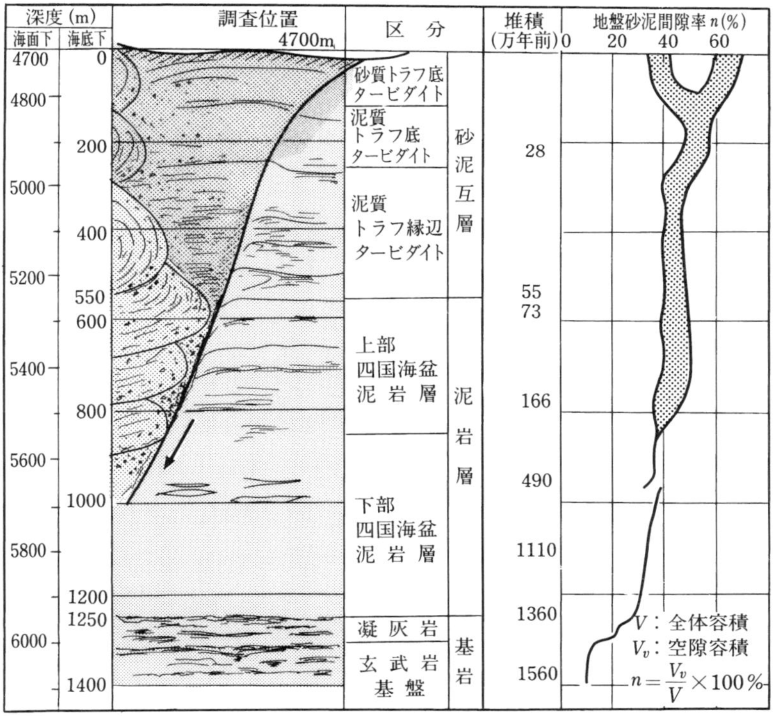

図 10　四国海盆調査結果（図 13 の 808 地点）

が始まって、この地点のタービダイト層は 55 万年の間に層厚が 550m に達しています。1 年に約 1mm 積もったことになり、積もった厚さは平均して、約 500 年の間に砂層約 30cm と泥層約 5cm でした。乱泥流は雪崩のように一挙に起こり、1 回の砂層の堆積は数日で終わると考えられるので、乱泥流が起こるたびに流出してくるタービダイトの流れが次々につながって、四国沖の深さ約 4000m の南海トラフにまで、あるいはさらに遠い深さ約6000mの琉球海溝にまで達したとも考えられるのです。富士川河口から土佐沖までは約600kmの距離であり、琉球海溝の入口付近までの距離はその約2倍の1200kmですから、その間の傾度はそれぞれキロメートル当たり約7mと5mになります。淀川は河口から約75kmで、海抜85mの琵琶湖に達します。したがってその間の傾度はキロメートル当たり約1.1mにすぎません。このような川の流れに比べると、先に述べた海底の傾度はこれより数倍も大きいため、乱泥流が形成されて、長い距離の海中を流下して行くことにも十分納得できると思います。

＊

以上のように、私はこれまでに日本列島の土台の大部分を形成しているものが、各種のタービダイト（乱泥流堆積物）であることを知りました。また、これらタービダイトの性質は堆積した場所や時代が多少異なっても、さほど大きい違いがないことも理解できました。しかし図9を見ればすぐ気付くことですが、海洋プレートで堆積したタービダイトに比べると、河川などで運ばれてきた堆積物を交えた陸側プレートのタービダイトは、内陸の堆積物特有の地方色を持っているように思います。

図10に示した土佐沖南海トラフの調査結果では、厚さ550mぐらい堆積している砂泥互層タービダイト上部層と、その下に700mぐらい堆積している下部層の泥岩層に分けて、土質の特徴が示されており、次のように説明されています。

「上部層の厚さは550mで、主に0.5mmぐらいの粒径を持つ砂質の堆積物からなり、砂層中では淡水に棲む珪藻、そのほかの微化石、貝殻、大量の木片などが発見された。一方その下の下部層ではそのようなものをほとんど含んでおらず、泥質で、大部分の粒径は0.06mmより小さく、火山灰層が含まれていた。このように上部層と下部層とでは、堆積物の起源や堆積層の形成の仕方が異なっていることが明らかになった。」

さて、日本は火山国であり、日本列島には今も多くの活火山が活動中です。**図9**に示したように火山灰を地上や海上に降らせ、降り積もった風積土は河川に集まって海に運ばれ、陸側のタービダイトとして今も供給し続けられています。東京湾の海底に堆積している土を採取してみても、粘土分よりシルト分が多量に混じっていて間隙が大きく、乾燥した時の重量も粘土などより軽いようです。粘土は水をほとんど透しませんが、シルトの透水性は細かい砂に近く、しかも比重が砂よりも小さくて粘着力もわずかしかありません。陸側のタービダイトは液状化しやすく、地震に弱い堆積物であることを自覚しておくことが必要でしょう。

付加体

太平洋プレートやフィリピン海プレートが陸のプレートの下に潜り込む時は、海のプレート上の表層堆積物などは剥ぎ取られて、陸側に押し付けられながらプレートの進行方向に積み重なり、剥ぎ取られた堆積物が次々に陸側へ付け加えられていきます。このような過程を「付加作用」と呼び、出来た堆積層の積み重なりの部分を「付加体」と呼んでいます。付加体は地層が断層などで切れて、傾きながら将棋倒しのように陸側に倒れ込んで行きますから、陸側の下層が古くて、海側の上層が新しい堆積層で出来ており、全体としては陸に向かって傾斜した形に堆積している特徴があります。

この付加体について、太平洋プレート側とフィリピン海プレート側の海底に形成された付加体堆積斜面の傾斜を比較したのが**図 11** です。この図の○実線は東日本太平洋沖地震の震央と仙台市を結ぶ海底断面で、一方の●破線は四国の土佐沖から、南海トラフに至る海底断面を示したものです。一方は太平洋プレート、片方はフィリピン海プレートと、大きく離れた海底に堆積し、タービダイトで構成された付加体の海底斜面の図ですが、その形態がみごとに相似しているのには驚くばかりです。しかし、付加体の海底斜面がどのような状態か、これまでに実際を見ていない私にはよくわかりません。

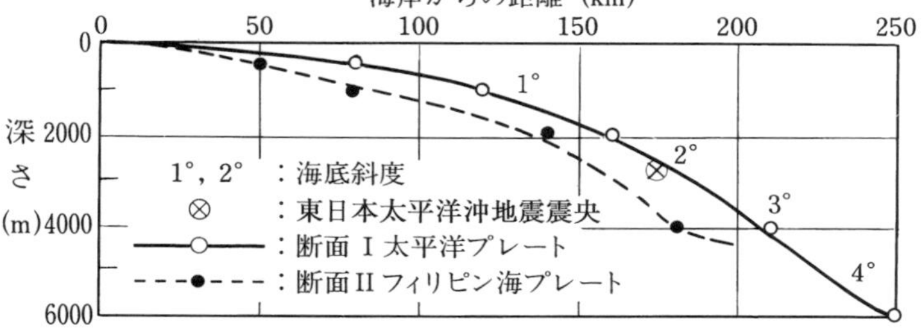

図 11　海溝に至る海底地形

前にも述べたように、四国海盆調査結果の一部は図 10 に示したとおりですが、掘削地点の付近には、海底から下位に約 500m の厚いタービダイト層が堆積しており、それ以下の約 1300m まで泥岩層、以深は基岩で構成されています。深さ約 1500m の全層についての間隙率は、上部のタービダイト層で約 50％、下部の岩盤では 30 ～ 10％であることが明らかにされています。

さて、日本列島の原型ともいえる列島地塊は、約 1 億年から 9000 万年前にかけて朝鮮半島に接した領域で、ユーラシア大陸に押しつけられるような形になってひとまず定着したと考えられています。その後 3500 万年前頃までほぼそのままに置かれていて、初期にはイザナギプレート、後では東から太平洋プレート、東南からフィリピン海プレートの潜り込みを受けていました。このようにして今日に至るまで、日本列島では 1 日の休みもなく付加体の形成、言い換えれば日本列島の土台造りが続けられてきたのです。

*

以上から連想すると、日本列島の土台となっている基盤の多くが海溝付加体ではないかとさえ思われます。しかし東北地方の北部には火山噴出物その他の埋積物で覆われた場所が多く、北海道には千島弧の衝突によって地殻の上部が削り取られている範囲もあって、付加体との縁がはっきりとしないようです。このような状態ですが、日本列島本来の地殻は意外に少なくて、西南日本から沖縄にかけての太平洋側の土台や、東北日本の太平洋側の大部分の土台は、それぞれがほぼ連続した海溝付加体で形成されていると考えるのが妥当かもしれません。

図7に示した日本列島周辺の地形図に、地震などの振動による液状化が心配される地域を、破線で丸く囲んで示しました。図によるとこれらの範囲のほとんどが、緩い海底斜面の付加体部分に入っており、大津波による災害を予知しているように見えてなりません。

地球の歴史

地球の過去から現在までの変動などに関する地学の深奥にほとんど縁がなく、触れたこともなかった私には、地球の未来はおろか日本列島の将来の姿さえ想像することは難しいようです。そこで、まず地球の歴史を学ぶことから始めたいと思います。**表1**は、地球の誕生から現生人類が地球上に拡散し始めるまでの歴史の時間を、対数で表して年表風にまとめてみたものです。ただしその内容は、後で述べる都合を考えて地形や地殻の変状などの事象に関する一部の事項に限っています。

この表で見られるとおり、地球の誕生は今から46億年も以前にさかのぼります。地球が誕生してから約6億年が経過した頃、地球にプレート運動が始まり、地表を岩石が覆って陸地が出現し始めました。それは、海中で始まったプレート運動によって海底火山にマグマが噴出するようになり、火山島から弧状列島（島弧）へ、そして地塊が育っていく過程を物語っています。その後約2億年経過した38億年前頃には、既に地表の約3割が陸で、残りはすべ

表１ 地球の誕生から現生人類が地球上に拡散を始めるまで

50億　10億　1億　1000万　100万　10万年前

46億　5.8億　2.5億　6500万　2400万　180万

先カンブリア時代（46億〜5.8億）｜古生代（5.8億〜2.5億）｜中生代（2.5億〜6500万）｜古第三紀（6500万〜2400万）｜新第三紀（2400万〜180万）｜第三紀（6500万〜180万）｜第四紀（180万〜）

46億	地球誕生
40億	プレート運動始まる
38億	地球上に大陸と海洋できる
19億	最初の超大陸「ヌーナ」出現
10億	二番目の超大陸「ロディニア」できる
5.5億	三番目の超大陸「ゴンドワナ」現る
4.0億	日本列島最古の地層誕生
3.0億	四番目の超大陸「パンゲア」北上を始める
2.0億	超大陸分れ中央に大西洋出現
1.5億	北上地塊群シベリア大陸に合体
1.3億	日本列島に横ずれ生じる
1億	日本列島地塊、北上終る
7000万	天皇海山列の明治海山活動
4000万	日本列島グリーンタフ地域造山運動
3000万	インド大陸アジアを押し始める
2000万	日本列島と大陸の間に日本海形成始まる
1450万	日本海の拡大完了、日本列島誕生
700万	ヒト族の分離
500万	丹沢海嶺伊豆・小笠原火山弧が本州に衝突
200万	日本海の海洋底東進、列島圧縮押されて列島の隆起始まる
100万	日本のフォッサ・マグナ地帯堆積始まる
50万	インドの衝突などによる影響を受け、東アジア全域が変形
30万	古期火山群活動
20万	現世人類アフリカに誕生
15万	日本列島火山活動活発化
10万	日本海側に褶曲帯形成、山地隆起
5万	海成層、河成層の堆積、沖積平野拡大

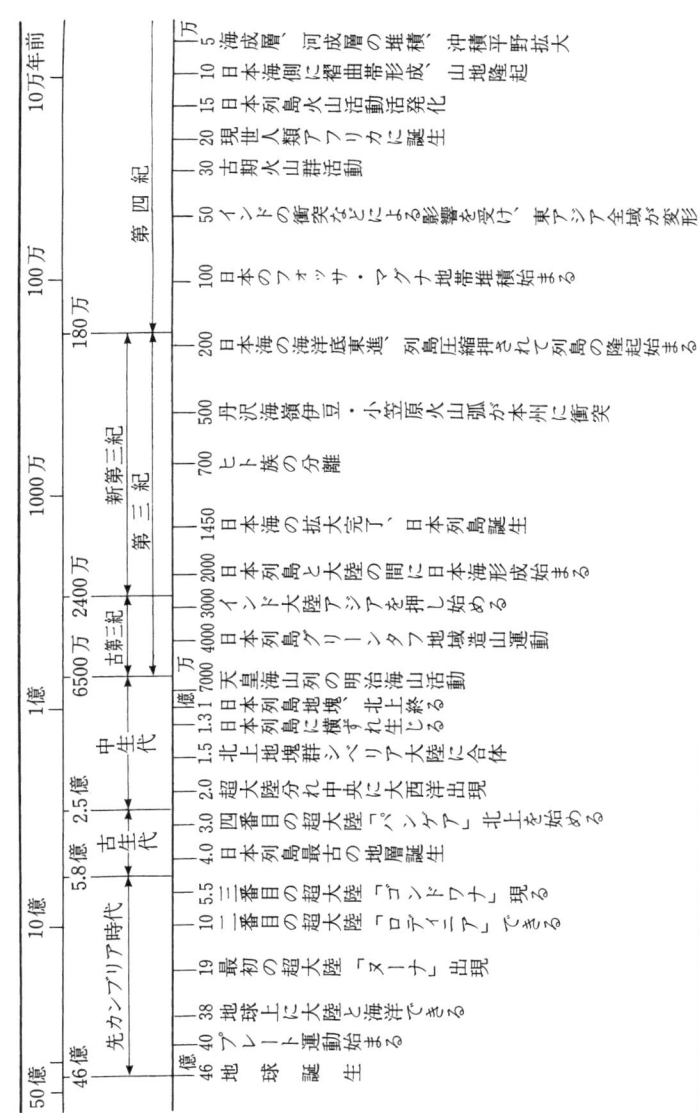

て海で覆われていたらしいことが、海底を形成した礫岩などの堆積岩や、火山活動で生成した枕状溶岩などによって知られています。27億年ほど前に出来始めた中小の大陸は、衝突しながら集合離散を繰り返し、次第に海洋と大陸の原型がかたち造られて、19億年ほど前に最初の超大陸「ヌーナ」が地球の南方に出現しました。しかし、この大陸は北に向かう姿勢を見せていましたが、そのままそこで分裂してしまいました。2番目に出来た超大陸「ロディニア」も、3番目に出現した超大陸「ゴンドワナ」も同じ運命をたどったようです。次の4番目の超大陸「パンゲア」が現れたのが約3億年前で、日本列島最古の地層も、北上に先立つ4億年前頃に、この超大陸の一部として誕生したものと考えられています。地質時代の区分では古生代と呼ばれる時代の半ば頃のことでした。

超大陸の中で早々と北上したシベリア大陸と、ほぼ同時に北西に向かったアメリカ大陸の間で、この頃に大きい地溝が生まれ始め、2億年前頃には大西洋が開き始めたと言われています。今でもこの場所には中央大西洋海嶺が残されて、2つの大陸はゆっくり移動しているようです。また、これらの大陸に比べるとオーストラリア大陸の北上が極めて短い距離に留まったことが目立ちます。

図12には、今日のユーラシア大陸東部に集まった地塊群を、集まった順序にほぼ近い形にまとめ、日本列島の東関東をほぼ中央に置いて示しました。後で述べる日本列島の誕生、インド大陸の北上、天皇海山列の形成などに関連する事項も加えてあるので、多少見にくいかもしれませ

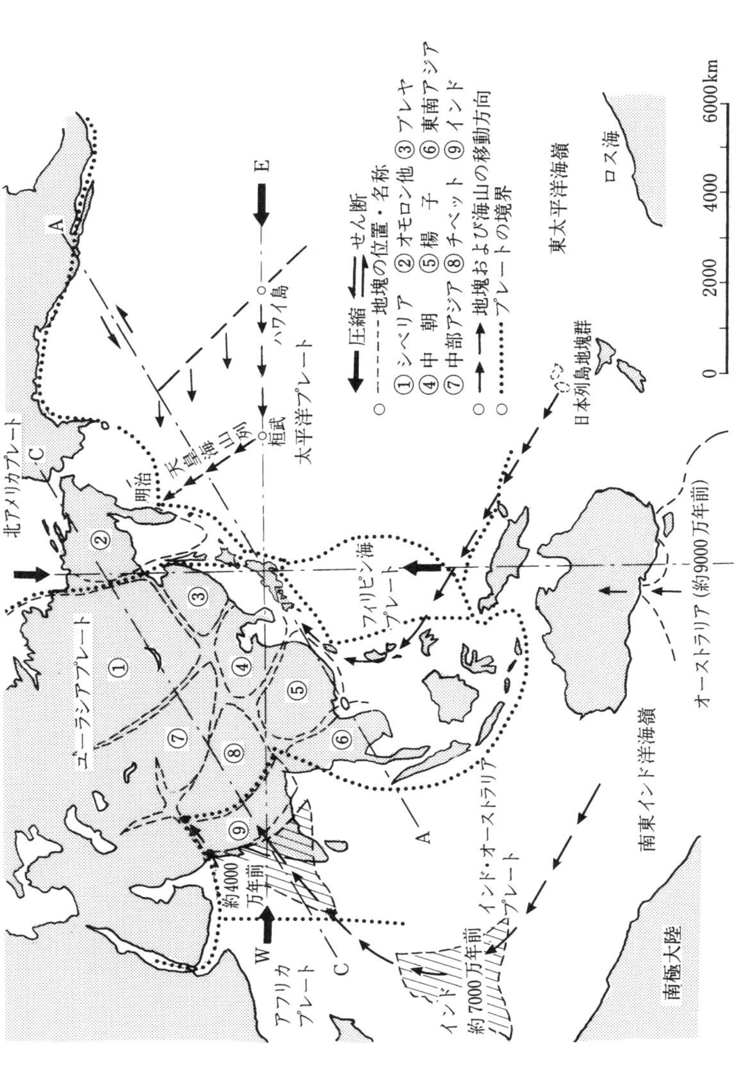

図 12　北関東を中央においたユーラシア大陸東部の地塊群

ん。しかし反面、それら相互の位置関係はよく理解できるようにも思います。これらの地塊の分裂や北上が終わって、先行していたシベリア大陸と合体し、新しいユーラシア大陸が生まれたのは約1.5億年前のことだろうと考えられています。地質時代の区分では中生代の半ばでした。なお、**図12**のシベリア地塊東部には、②の番号で示したオモロンなどと呼ばれる地塊が接していて、今日のいわゆる北アメリカプレートが形成されていました。このためオホーツク地塊の大部分が浅い海底に沈んでいたとも言われています。

日本列島地塊の北上

日本列島として生まれた地塊群は、どのような旅をして北上し、今日の場所にたどり着き、どのようにして日本列島を形成したのでしょうか？　ここでは、平朝彦『日本列島の誕生』等の文献を頼りにして少し調べてみましょう。

南極近くの巨大大陸を後にして北上してきた地塊群が、それよりずっと以前に北上を終え、半ば成長した大陸に姿を変えていたシベリア地塊を中心にして、次々に集まって合体し、ユーラシア大陸の大まかな形が出来上がったのは、今から約1億5000万年前の中生代半ばでした。この最後の頃にプレートに乗った日本列島地塊群がオーストラリア大陸東方から**図12**に示した矢印にほぼ沿いながら、西北に向かって長い旅を続けていました。ところが約1億3000万年前頃になると、東南アジアを目前にして急激に進路を変えました。日本列島は、この頃アジアの東縁に沿って生まれていた長大な沈み込み帯に沿って横すべりをし、現在の太平洋プレートの前身ともみられる「イザナギ」プレートに乗って北上を始めたのです。まず日本列島の日本海側の地塊が先行し、太平洋側の地塊がこれに続いて、中国の楊子地塊の東岸に接近しながら北上して、朝鮮半島に沿う地帯にまで到着しました。太平洋側の地塊と少し遅れて北上した日本海側の地塊とはこの時に合体して、ほぼ今日見られる日本列島地塊が出現したのは図 13 に abcd と囲んだ朝鮮半島に接する領域でした。今から 1 億年ほど前の頃だったろうと考えています。

この領域の北部は、ロシア・沿海州シホテアリニ山脈の南端に接していて、活発な火山活動のあったことが、残されている多くの陥没カルデラによって裏づけられています。今から約 9000 万年前の白亜紀の中頃から、北上してきた新しい地塊との間に出来た海溝に対して、プレートの沈み込みが次第に活発になりました。さらに 7000 万年前頃から 5000 万年前頃にかけて、オホーツク地塊の一部、千島弧と北海道などに衝突が見られて、オホーツクから北シベリアにかけて、今日見られる地帯が出来上がりました。

以上のようにして、ここまで北上してきた日本列島地塊の前進が、ここでストップしてしまった原因は何だったのでしょうか？　諸説があってはっきりしませんが、私は以前から北方を覆って北海道方面に押し出していた北アメリカプレートの存在によるのではないかと思っています。その頃既に北アメリカプレートは、オモロンなどの地塊を先

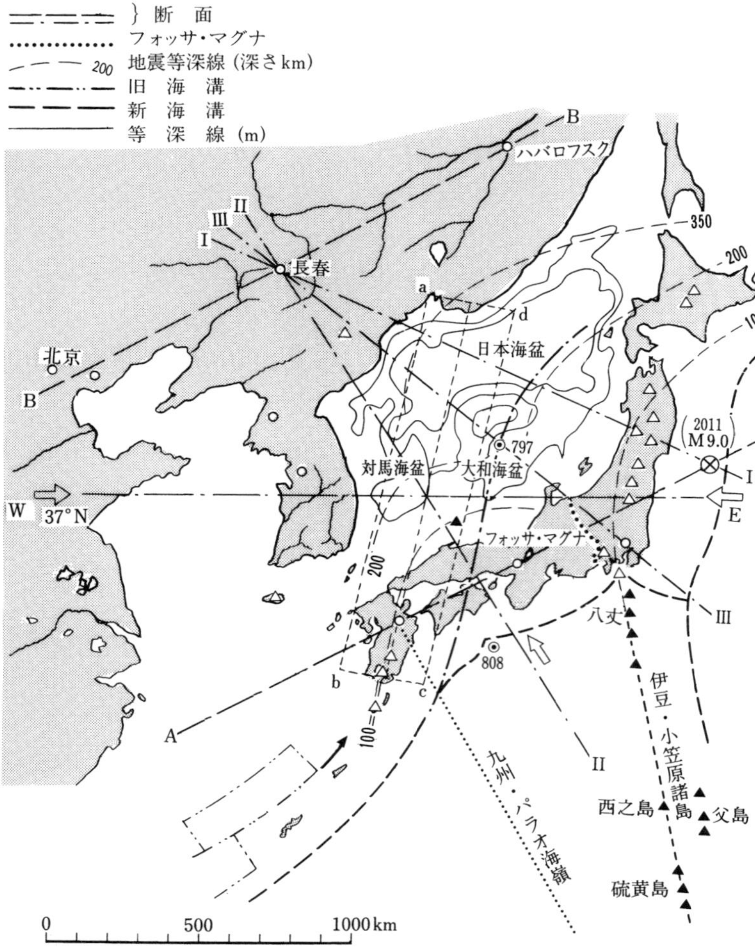

図 13　日本列島地塊の北上

頭にしてユーラシア大陸の東端から南下してきていました。それまで極北に向かって広く開放されていたベーリング海が広域にわたって陸化され、イザナギプレートの北上運動にも変化が見られるようになったのです。南下する北アメリカプレートの先頭に立っていたオホーツク地塊は、ほぼ平坦な海中に沈んでいましたから、プレートの先端にあって海上に顔を出した樺太と地質的に同根の北海道と千島の存在が、日本列島のさらなる北上を完全に阻むことになったのではないでしょうか。北海道の中央部の地質は樺太の地質と類似していて、樺太の地殻構造が北海道の中軸に延びてきていると言われています。したがって、北海道は地質的には樺太と一体であり、北海道は南西に向かって形成されたように思われます。

以上のようにして北上を阻止された日本列島地塊は、ユーラシア大陸東縁に押しつけられた形に集まり、今日の日本列島に近い配列で列島を形成したのです。この約 1 億年前からおおよそ 5000 万年が経過する間の日本列島は極めて平穏で、ただ時間だけが経過するような時代であったとされています。

日本列島の誕生

日本列島地塊の平穏な一時期は、その後間もなく終わりを告げました。約 3500 万年前頃から、アジアの東縁で広域に起こり始めた地殻分裂現象の影響を受けて、日本列島地塊が接していた大陸との間に陥没地形が出来始めて、約 2500 万年前にはその場所に湖沼や河川が生まれ始めました。このような現象が起こったことについて、私は次のような出来事が大きく関係しているのではと考えています。それは5500万年前頃に起こったインド地塊のユーラシア大陸への衝突で、4500万年前頃から大陸は西から東に押され始めました。このため4000万年前頃から1500万年前頃にかけて、アジアの東縁では火山活動が活発で、プレートの進行方向が従来のイザナギプレートのほぼ北向きから、現在の太平洋プレートのほぼ西向きに変わってしまったのです。

この頃の日本列島で行われた地殻変動について、能田成は著書『日本海はどう出来たか』のなかに、図14（一部修正）を添え、約1500万年前に日本海が形成されたとして、次のよう述べています。「日本海の基盤となる2100万年以降の玄武岩の活動は、1500万年前になると急速に衰えてしまった。この活動の衰えと、日本の領域を太平洋側に向かって引きずり出そうとする力によって、現在の日本海域には多数の割れ目が生じて、東北日本は1650万年前頃に反時計回りの回転を始めた。あるいはその時までに日本の領域は大陸から切り離されて、その一部が既に沈降・移動を始めたかもしれない。そこには既に日本海となるべき領域が広がり始めていた。――1420万年前に終わった北日本の回転運動を追いかけるように、西南日本も1480万年前には時計回りの回転を始めた。西南日本の回転が遅れたのは東北日本に比べて基盤が古く抵抗が大きかったためと思われる。しかし一度割れ始めると回転が急速に起こり、わずか600万年後の1420万年前には回転が終わって

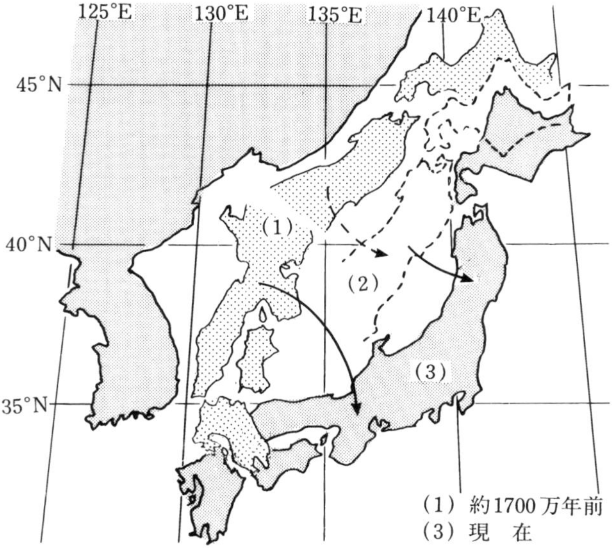

図 14　日本列島の回転模式（能田成による）

いた。」

また、先に挙げた平朝彦は次のように述べています。「約 1700 万年前になると、西南日本が回転を始めました。このとき日本海盆を中心として更に海底が拡大しました。西南日本は約 45° 時計回りに回転し、東北日本は 25° 反時計回りに回転しながら南へ下りてきました。その南へ下りてきたときに、現在の北海道と東北日本の太平洋側を結ぶ部分は、横ずれ断層で切れて、東北日本の部分は北海道を残したまま南へ南へと移動してきたのです。その回転と拡大は約 1450 万年前にはほぼ完了しました。」

これに加えて次のような事実についても言及していま

す。「この後、約1500万年以前の堆積岩の古地磁気が示した、今の地球の自転軸である真北の方向から、約45°回転するために要した時間は実に短く、およそ100万年という京都大学と神戸大学の共同研究による見積もりが発表されました。この研究は多くの論議を呼び起こしました。というのは100万年で45°の日本列島の回転は、プレートの運動速度にすると、年間60cmという今まで知られていないような速い速度で日本列島が大陸から分離していったことになるからです。年間60cmというのは50年で30mですから、人間の一生の間に自分の大地がアジア大陸から離れていくことが実感できるぐらいの速度です。100万年という時間があまりに短いため、それに対するいくつかの疑問を挟む人もいました。外国の学者のあるグループは、約1500万年前を中心とする時期に、日本列島に起こった火山活動による残留磁気の乱れなどが影響しているのではと主張し、また日本海の海底から湧き出てくる熱の流量を計った人たちは、約1万年前に出来た海底にしては熱流量が小さすぎるので、もっと古い時期に出来た海底ではないかと考えたようです。」

異論は多いようですが、このように短い期間に起こった回転運動によって、日本海が拡張して今日の日本列島が誕生したので、日本海の中に大西洋中央海嶺に相当するような地形は出現しなかったとも言われています。

日本海の拡大が終わった頃には、フォッサ・マグナ（大地溝帯または中央構造線）以東の東北日本の大部分はまだ浅い海中に没していて、盛んな海底火山活動によって、緑色凝灰岩からなるグリーンタフと呼ばれる地域を広域に形成している最中でした。しかしこの後、日本列島の中部以北も、太平洋の火山活動によって約 800 万年前頃から隆起が始まって、次第に陸化が進むようになります。

また、日本列島ではこの 800 万年前の頃に千島弧が北海道の北部に衝突し、続く約 500 万年前には伊豆・小笠原海嶺の押し込みによる丹沢の形成がありました。

2

アジアと日本列島に起こった地殻の動き

インド大陸の衝突とハワイ諸島など

インド大陸を形成することになる大地塊は、今から約9000年前にオーストラリアの北上と前後して、図12に示した南東インド洋海嶺から出発して、図に矢印で示したルートにほぼ沿って北上を始めました。約7000万年前に、現在のマダガスカルにかなり近づいたのち、方向をほぼ真北に変えて、約4000万年前にはアラビア海北岸のイラン高原に接触し、次第にアジア大陸を東に押し始めました。この大地塊の北上速度ははっきりしませんが、年に10～15cm程度だったろうと推定されています。

こうして大陸を押し始めた大地塊の一部は、図12に示したようにヒマラヤ山脈の南部に潜り込んで、ヒマラヤ山脈を造り、強大な圧縮力の余力を借りてチベット高原を押し上げました。その影響は天山山脈を越して更に奥のバイカル湖地域にまで及びました。またそれだけではなく南方では、南中国やインドシナを東に圧縮して複雑な地形を現出し、周囲に多くの断層地溝帯を造り出したのです。

このインド地塊の大陸への衝突とその影響を、図12のC-Cと東西線E-Wに沿う地形について、変化を少しわかりやすく示したのが図15の(a)および(b)です。

まず、西のインド洋方面では4000万年前頃からインド地塊が接近し、ユーラシア大陸の付加体を押し上げながら次第に東に向かってやってきます。このため断面C-Cではヒマラヤ山脈を8000m超の高さにまで押し上げ、その先の約1500kmと約2500kmの彼方まで、それぞれ高さ3000mと2000mにも及ぶチベット高原とモンゴル高原を造り上げました。

また、インド地塊が大陸を押し始めた後、約1000万年も過ぎた頃から、天山山脈からバイカル湖を結ぶ線にほぼ沿って、様々な規模の割れ目が近くに生じ始め、この割れ目から東南に広がる広大な地域の地盤に、多様な変状が起こりました。

*

では、ここで目を西のインド洋方面から東の太平洋ハワイ諸島方面に移してみましょう。今から7000万年も前頃に東太平洋海嶺から出発し、イザナギプレートに乗って海

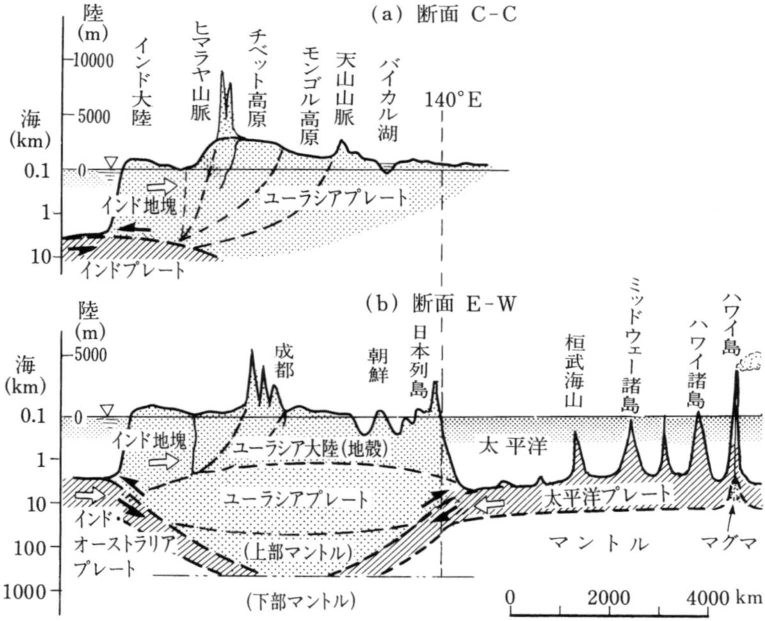

図 15　断面 C-C と断面 E-W に沿う地形

山の数を次第に増やしながら、北極海方面に向かって北上して行く海山列がありました。4300万年前頃に海山列の最後尾は現在のハワイ島付近に達しましたが、その時、列の先頭は既に2700kmも先に進んでいました。ちょうどその頃ハワイ島海底のマントルから突然マグマが噴出し始めて、そこに活火山ハワイ島が誕生しました。この時からプレートの進行方向が、これまでの北向きからほぼ西向きの現在の太平洋プレートの方向へと急激に変わったのです。ハワイ活火山の出現とプレート進行方向の変化が、約4500万年前頃のインド大陸の衝突とその後のインドの押し込みに関連しているかどうかについては、コールドプルームが下部マントルに落ち込んでいくことと関係しているという説もあり、よくわかりません。私は、インド大陸の衝突が東の遠い太平洋上のハワイ島に衝撃を与えて、ハワイ島にマグマ噴出の口火が切られたのではないかと考えています。

いずれにしても以上の事態で、これまでの過去に北西方向に造られてきた旧海山列は、図12および図16に示したように配列をそのままにして太平洋プレートに乗って西に向かうことになりました。一方、ハワイ島から新しく生まれ始めた新海山列は、約4300万年前頃から西に向かって進み、ハワイ諸島、ミッドウェー諸島などの新海山列を形成して現在に至っているのです。このようにして約4300万年後の今日では、西進してきた旧海山列は今日の天皇海山列に生まれ変わったのです。その間のプレートと海山の前進速度すなわち太平洋プレートの前進速度は、図16で示したように、1年にほぼ10cm程度になることが天

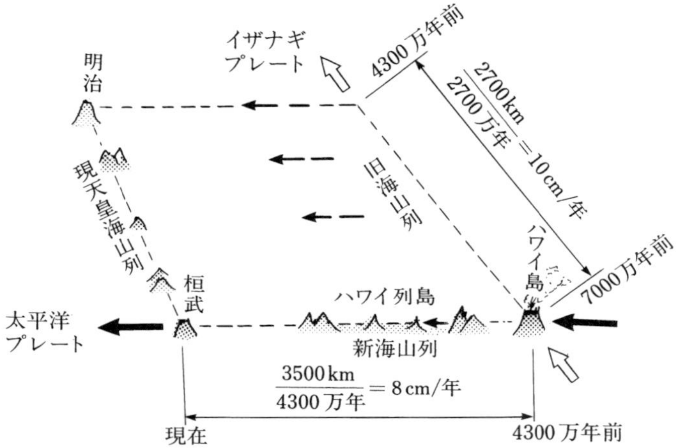

図 16　プレートと海山列の前進速度

皇海山列の年代測定などからも知られているようです。

地殻変動による海底地すべり

私はこの後で、現在の日本列島がどのような経緯をたどり、地殻変動がどのように起こったかについて述べる予定です。そこで、まず地すべりについて簡単に触れておきます。

斜面が崩壊して移動する現象は、一般に地すべりと崖崩れ（急傾斜地崩壊）に分けられますが、地すべりは、緩傾斜の広い地盤がゆっくりした速度（例えば 2cm/ 日以下の速度）で時間をかけて移動するのが特徴です。

陸地に生じる地すべりについては、地形・地質と地下水の関係など、かなり明らかになってきていますが、海底に生じる地すべりについては、詳細な調査が困難なことから未知の部分が多いようです。それでも、最近までに海底地すべりの跡が多数発見され、重力の作用によって巨大な地塊が斜面の下流側に向かって移動する現象であることには変わりはなく、海底探査法の進歩とともに次第に多くの知見が得られるようになっています。

さらに、近年の惑星探査の結果により、地球より遥かに重力の小さい月や火星でも大規模な地すべりが生じていることが確認されているようです。

以上でおわかりのように海底地すべりといってもその現象は、私たちがしばしば目にしている陸上の地すべりとほとんど変りません。陸上地震でも1964年に起きた新潟地震（地震の規模：M7.5）では、傾斜が1％（100m行って1m下がる傾斜）にも満たない地盤が数メートルも流動したことを私たちは知っています。ただ、海底地すべりでは、地すべり活動を起こす地殻の土砂や岩の大部分が、海中にあって常に浮力や流動力を受けているため、緩い勾配の地盤でも広い範囲にわたって地すべりを起こす例が多いのです。

＊

國生剛治は著書『液状化現象』の中で次のように述べています。「世界の海では、沖合で多数の海底地すべりの痕跡が見つかっているが、海底勾配は1％以下と非常に小さいのが普通である。それにもかかわらず、その滑った土の量は膨大で、陸上での地すべりの大きさを遥かにしのぎ、最大2万 km^3（富士山15個分）のものも知られている。またその移動距離も100kmを超えたものがある。」

日本海の広さはこれらの海底面積に比べると遥かに大きいではないかと思われる人には、日本海の地すべりが1回で終わった訳ではなく、250万年ほどの気も遠くなるような長い期間をかけて、何回にも分けて起こったことに言及すれば納得して頂けると思います。

このような大規模な海底地すべりが生じたきっかけの大部分は地震のようですが、その主な理由は次のように考えられています。まず、深い海底の緩い基岩は堅硬な性質であっても、永年の間に風化が進み、岩屑の溜まった摂理や破砕屑が形成されていきます。地震時にはこれらの風化部に溜まった岩屑と間隙水が混じって濁水となり、大きい間隙水圧を発生させることになるのです。一方、陸側の浅い海底に堆積したタービダイト層中には、透水性のよい土砂とほとんど透水しない細粒土が混在しています。地震時に震動が長引けば、これらの土層は入り混じって高い間隙水圧を発生し、混濁流となって一挙に下流に押し流されていきます。この規模が大きいとき海底地すべりに加えられるのです。

＊

先に紹介した國生剛治は、大規模地すべりになればなるほど、斜面をすべり落ちるときに供給される位置エネルギーが地震エネルギーに比べて巨大になると述べています。またエネルギー保存則を使って斜面がすべったときの平均的な摩擦係数を求めると、緩い斜面では傾斜勾配より小さい値が得られ、すべり出す土塊のすべり速度が加速され、地すべりがより遠くに及ぶとも言っています。このようにして求められた摩擦係数と地すべり土の体積の関係を**図17**に示しました。これを見ると、体積が増えるほど摩擦係数が下がる明瞭な傾向がみられ、大きい土量のすべりほど摩擦抵抗が小さくなるため、遠くまで流れやすいことがわかります。またこの図の縦軸には摩擦抵抗と等値にとった斜面勾配も示しました。なお、**図 17** には世界で起きた巨大地すべりについて調べた結果も黒丸で示してありますが、この中には世界どころか月世界のクレータ斜面がすべった例も含まれています。この図でも体積が大きくなるほど摩擦係数が低下していく傾向が明瞭にみられます。ところが國生剛治によると、この単純にして不思議な傾向がなぜ現れるのかは、残念ながら現在の学問ではまだ十分に説明し切れないとのことです。

日本海の拡張で海底地すべりの対象に取り上げている東北日本地塊の体積を、付加体を考慮して延長約 400km、幅約 150km、高さ約 6km の地塊とすると、体積は約 30 万 km^3 にも及び、しかも地すべりの距離は 700km にも達します。この値は**図 17** にみられる体積の最大値付近に相当します。さて、それでは日本海の拡張、日本列島の形成で

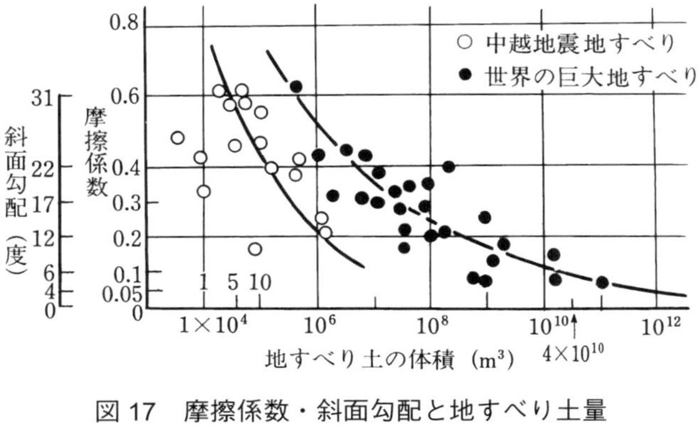

図 17　摩擦係数・斜面勾配と地すべり土量

は、海底地すべりをどのように考えればよいのでしょう。

日本列島の形成と列島周辺の状況

大地震によって生じる斜面崩壊のうちで、緩い勾配にもかかわらず驚くほど広範囲に及ぶのは地すべりでしょう。特に海底地すべりの場合は先に見てきたように、勾配が1°か2°程度の極めて緩い地盤ほど広大な地すべりを起こした事例が多いようです。この海底地すべりの進行は、海底のタービダイト堆積層の中に存在しているか、あるいはその時に生まれたすべり面から始まっています。すなわち大地震による地盤の揺れが継続すると、すべり面に接した土が液状化し、間隙水圧が上昇します。これによってすべり面の土に強度低下が起こると同時に、すべり面付近から地盤の液状化が周辺に広がっていきます。最後に液状化の拡大した地盤が移動を始めて、流動化し、乱泥流となって一挙に下流に移動するのです。海底地すべりでは以上の過程をたどるのが一般のようですが、様々な条件が入り込むことも多くて単純なものでもなさそうです。

さて、液状化しやすい土の代表は砂ですが、これまでに液状化が生じた大部分の地層は、直径が2mmから0.075mmの砂からなっていますが、それよりも大粒の砂礫を多少含んでいても液状化を起こすことが多いようです。粒径が砂より小さく0.005mmまでの細粒の土をシルトと呼んでいますが、陸側海底堆積のタービダイトにはこのシルト分がかなり多く含まれています。なお、以上の他にも風化や破砕の進んだ岩盤の節理や層理に溜まっている細粒土でも、地盤が緩くなっているとき強い振動や衝撃などを受けると、瞬間的に高い水圧を発生して地盤に大きい変形を与えることは、既に多くの場所で経験しています。

＊

私はユーラシア大陸の東縁で日本海が拡大し、その前方の太平洋側に現在の日本列島が誕生したのは、「大陸の東に寄り添うように集まっていた日本列島地塊と大陸の一部が、地殻変動に伴って生じた巨大な海底地すべりによって東南に移動拡大し、弧状に並ぶ現在の日本列島が形成された」と考えています。

これまで多くの人々によって言われてきた「日本列島の東北日本と西南日本が、それぞれ回転して日本海が拡大し、現在の日本列島が生まれた」とする表現を、私は必ずしも間違いと思ってはいません。例えば**図 13** に示したように、「朝鮮半島の東に沿う abcd の領域の中に落ち着いていた日本列島地塊が、再移動して現在の日本列島を形成したのは、**図 18** に示したように、列島が ef の位置で折れ曲がって、ebcf の領域が右回りに約 50° 回転し、aefd の領域は約 700km 移動して現在地に落ち着いた」と表現することもできます。しかし、これでは何か重要なことが抜けているように思えてなりません。それは先ほどからみてきた海底地すべりの事実が欠落しているからではないでしょうか。海底地すべりが生じた結果、その地すべりによって日本列島の回転が、そして移動が生じたのだと思います。

新第三紀と呼ばれる時代の終わり、約 3500 ～ 3000 万年前の頃より、アジア大陸の東縁では火山活動が活発にな

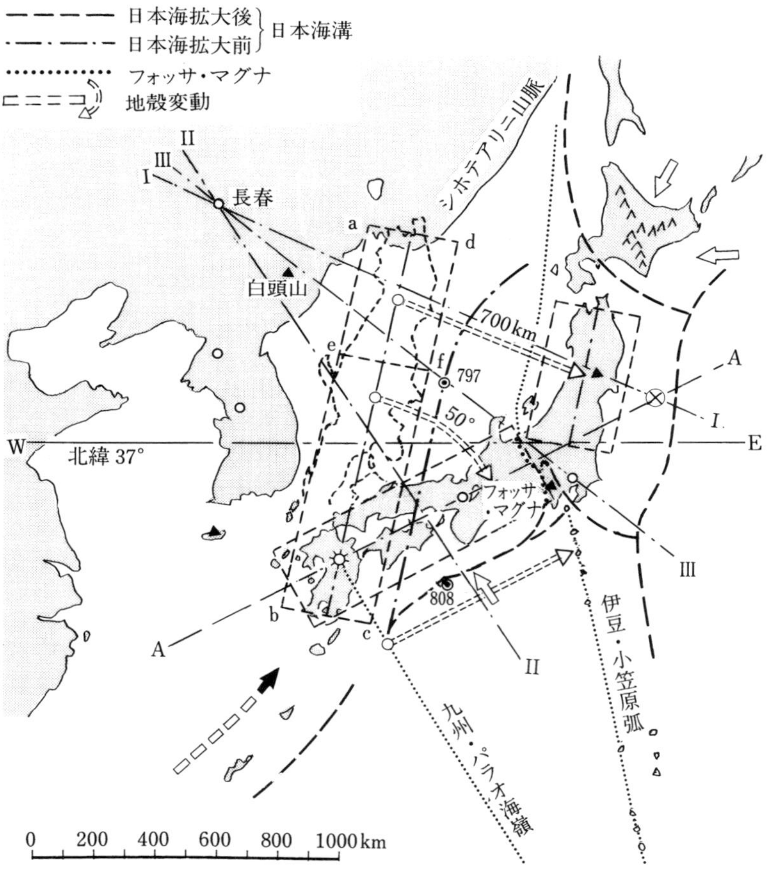

図 18　日本海の拡大（日本列島の誕生）

り、頻発する巨大地震に伴って断層運動や地塊間の変動が激しくなり始めました。現在の沿海州を占めているシホテアリニ山脈から朝鮮半島の北縁にかけて、火山活動が次第に激しくなってきたことは、多くの陥没カルデラが図 19

に示したように残されていることからもわかります。こうして、今から約9000万年前に北上して、**図19**に示したabcdの場所に落ち着いていた日本列島地塊に、激しい変状が見られるようになりました。それまでにも地塊が朝鮮半島に接する地域には、層状断層が生じてその箇所が河川や渓谷となり、次第に湖沼に拡大する傾向は見られましたが、約2000万年前になると、**図19**に示したような大きい内海を形成するまでになったのです。

しかし、朝鮮半島の南東に遠く離れて、大陸の影響が少

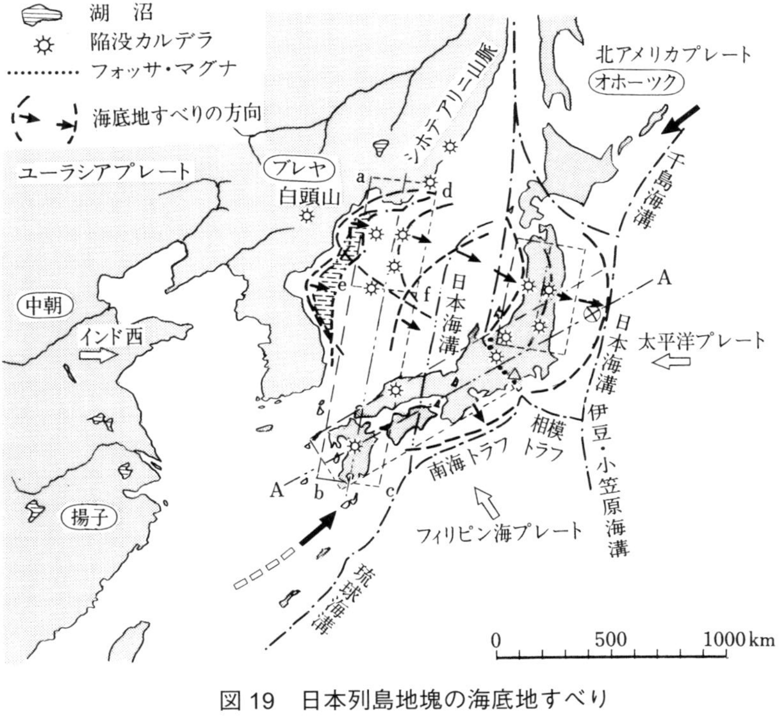

図19　日本列島地塊の海底地すべり

なかった九州島の位置は、そのままでほとんど変わることがありませんでした。その原因は火山活動によって、かつて太平洋上に生じたハワイ島の位置が現在まで不変だったように、マグマの噴出が激しかった阿蘇山付近を中心にして回転することはできても、列島の位置を大きく変えることがなかったからではないでしょうか。また、この頃は東北日本の北上山地あたりの姿は海上にまだ見えず、ようやく海上に顔を見せるのは、ずっと後の日本海拡大以後のことだったようです。

このような状態になっていた日本列島地塊が、いよいよ東南に向かって地すべりを始めたのは、約1700万年前の頃だと思います。**図19**に矢印で示したように地すべり地塊が移動して、現在の日本列島のフォッサ・マグナで分かれた西南日本は、地すべりに乗って約50°ばかり回転しました。片方の東北日本は、地すべりに乗ってそのまま直進を続けて、それぞれ**図19**に示した今日の列島の位置に落ち着いたのです。その時期は今から1450万年前頃とされていますから、移動と休止を繰り返した地すべりに費やされた期間は、おおよそ250万年くらいだったようです。

＊

前に紹介した平朝彦『日本列島の誕生』には、日本海の形成年代などを調べる目的で、1989年に行われた掘削調査の結果が記されています。このうちの**図13**に位置を示した大和海盆797地点については次のように書かれています。

「掘削結果から一番古い地層は約2000万年前のものでした。この地層は砂岩で浅海や河口地域に堆積したものとわかり、この中には玄武岩も貫入していました。これから少なくとも2000万年前には、東アジアの大陸地殻は分裂を始めており、地溝状の凹地には三角州などの砂層が堆積し、堆積後に激しい火成活動があったことを知りました。また1500万年前頃から深海を示す泥岩層が積もり始め、玄武岩の活動は1400万年前頃には終わって、約1100万年前から海盆全体に珪藻が堆積し始めました。以上のようにして2000万～1500万年前にかけて、多量の玄武岩が貫入し、同時に地溝が拡大し、海盆が出来て、更に深度を増加させ、2000～3000m程度の水深を持つ海盆、図13に示した日本海が出来上がりました。1500万～2000万年前の日本海は比較的平穏で、陸からの砕屑物の流入が少なく、海面に生まれた珪藻殻が沈んでいました。」

なお、一般に海洋底の拡大は、大西洋中央海嶺のように地溝から生じるものと考えられていますが、日本海の場合は大陸地殻が引き裂かれる代わりに、引き伸ばされてその上にマントルが上昇し、マグマが海盆全域から噴出したとも言われています。

このようにして、ほぼ1400万年前に日本列島が現在の場所に出来上がりましたが、その直後には中部日本から東北日本にかけて、ほとんどが海面下に没していました。現在の日本海側の秋田から新潟と奥羽山脈一帯は、水深1500mぐらいの細長い海盆になっていて、海底の火山活動が活発だったと言われています。これに対して西南日本は、かなり異なる経緯をたどったようです。

＊

以上で日本列島の地すべりに伴う移動や回転の様子が少しわかりましたので、その状況を具体的に**図 20** に表してみました。断面の位置は**図 18** に書き入れてあります。この断面図の中に書かれた日本列島地塊の規模を眺めると、延長も幅も現在のヒマラヤ山脈にほとんど匹敵しています。特に海底地すべりのすべり面と想定した太平洋プレートから上部の列島地塊の高さまで、ヒマラヤ山脈の地上高さとあまり変わりがないようです。このように驚くほど大規模な列島地塊が地すべり運動によって日本列島を造り上げた経過について、私は次のように推察しています。

先に述べたように、地すべりに要した期間が約 250 万年で、移動した平均距離を約 700km とすると、平均地すべり速度は 1 万年当たり約 2.8km（約 30cm/ 年、約 0.8mm/日）となります。このことから地震等によるエネルギーを受けて移動と休止を繰り返しながら、ゆっくりした速度で現在の位置に達したものと考えられます。

なお、**図 21** は**図 18** に示した断面 A および断面Ⅰ、Ⅱ、Ⅲについてそれぞれ断面ごとの特徴を比較したものです。このうちの断面ⅢおよびⅡには、日本海の 797 地点と南海トラフの 808 地点で行った掘削調査から得られた柱状図を書き入れてあります。

フォッサ・マグナと伊豆・小笠原火山弧

図 18 を見ると朝鮮半島の南に独立していた九州島を、南東から支えるような形で九州・パラオ海嶺が太平洋に延びています。ところが、この海嶺は日本列島が海底地すべ

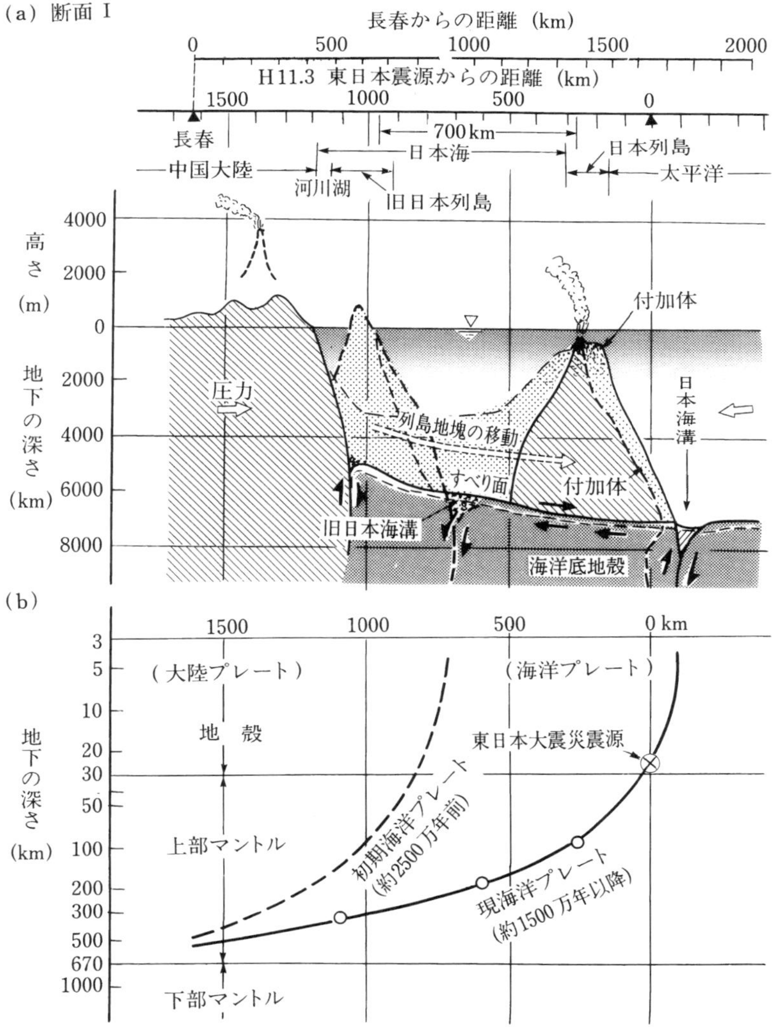

図 20　断面 I-I に沿う地塊移動と日本海の拡大

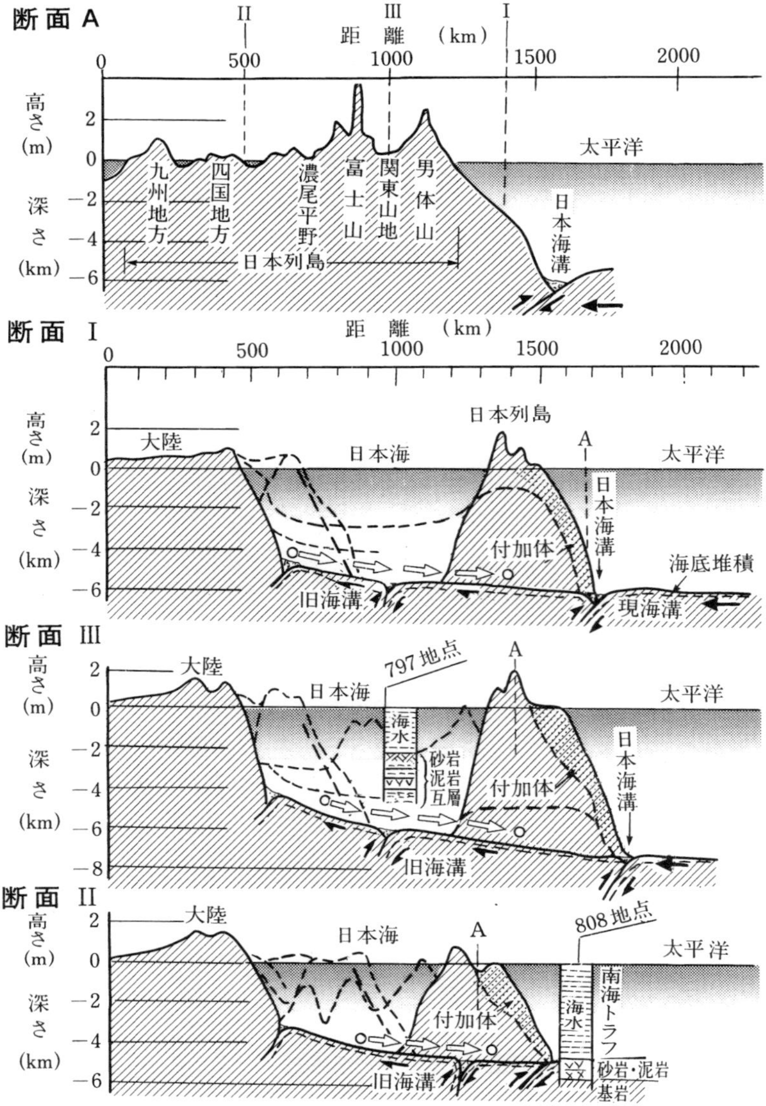

図 21　日本列島地塊の移動状況

りを起こし、右回転を始める直前の約2000万年前、真ん中から縦割りになって、これまで合体していた伊豆・小笠原火山弧と東西に分裂しました。新しく分かれた火山弧は東に向かって移動を始め、九州・パラオ海嶺との間に、新しい四国海盆が拡大することになったのです。この当時からフィリピン海プレートは年間約3～4cmのスピードで北西方向に動いており、プレートの運動とほぼ同じ方向に並んだ伊豆・小笠原火山弧も移動を続けていました。日本列島が地すべり移動をして、回転を終えた1450万年頃図22に見られるように、北の糸魚川から諏訪湖を経て、富士川を南下し、日本列島の本州を東北日本と西南日本に両断する中央地溝帯（フォッサ・マグナ）の断層・陥没が生じました。これと時期を合わせたようにして、伊豆・小笠原火山弧はその頃出来ていた大地溝帯の南部に到着し、次々にその下に潜り込んでいったのです。

この伊豆・小笠原火山弧は、海底から盛り上がったような形をしていましたから、潜り込み運動は、図22に示した足柄山地から丹沢、三坂山地はもちろん関東山地を越して筑摩山地にまで及ぶ大地溝帯南部の地域一帯を隆起させる結果になりました。図18および図22で見られるように、大地溝帯の南部には北東に向かって秩父山地などを含む関東山地が延び、その南には房総山地が広がったので、富士川沿いの地溝帯南部にはあまり問題がありませんでした。これに対して糸魚川に沿った地溝帯北部の低地帯には、約1500万～200万年前までの長い期間に海が浸入していたとも言われています。しかしこの地域は飛騨山脈や

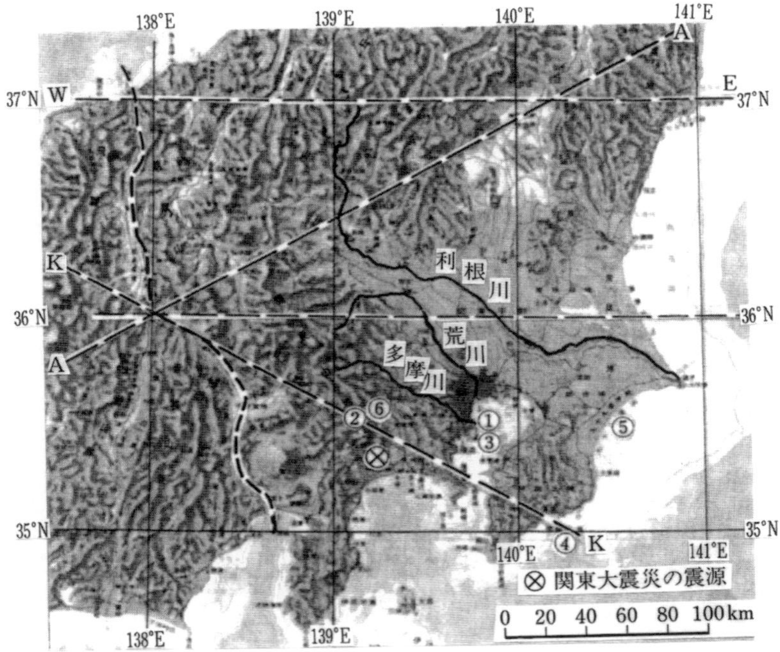

図 22　フォッサ・マグナと関東平野

筑摩山地のほか、上信越の火山地帯に並ぶ、数多くの高山群に護られて静穏状態が保たれていたようです。

その後は、今から約 50 万年前になって伊豆・小笠原火山弧の中でも、屈指の大きさを持った地塊が日本列島に衝突してきました。場所は伊豆半島です。この地塊は日本列島に全体を潜り込ませることができず、上層部を伊豆半島として残したまま、下層部だけが地中を進んで、酒匂川から足柄山地にかけて広い隆起地帯を造り上げたと考えられています。

一方、長い間海中に沈んでいた東北日本のほぼ全域では、海中にあるままの状態で火山活動が盛んに続けられていました。海底で噴出した多量の火山岩や凝灰岩は熱水変質して緑泥岩に変わりました。これがグリーンタフ（緑色凝灰岩）と呼ばれるものです。その後、東北日本には太平洋プレートの激しい沈み込みによる火山活動が盛んになり、北上山地なども顔を出してきて、次第に陸化が進んでいきます。ところが東北日本の南に接した関東平野は、図22に示したように隆起を続ける周囲の山地群と、50万年前頃から盛んになった火山噴出物で造られた丘陵・台地に囲まれて、東に大きく開いた関東舟状海盆と呼ばれる湾が形成されました。この海盆の深部は高崎から千葉に向かう線とほぼ一致していましたが、最も深い千葉付近では海底までの深さが4000m以上もあったといわれています。しかしこの深い海盆も、第三紀の終わり頃から第四紀を経た今日までに堆積物で埋め尽くされ、広大な関東平野に変容したのです。

*

以上のように日本列島が形成される間、北線の北海道はどのように変貌したのでしょうか？　北海道は、図18で見られるように北方から北アメリカプレート、東方から太平洋プレートの圧力を受け続けてきました。一方、これを逆方向のほぼ西方から、日本列島地塊の地すべり移動の余波を受けるようになりました。私は、北海道がこれらの圧力が平衡する中にあったため、大きく位置を変えることもなく今日に至ったと考えています。

しかし、東西から卓越した外圧を受け続けた北海道は、その中央部で南北に走る日高山脈の隆起を促す造山運動を誘発しました。この山脈は隆起の過程で東から西に押し上げられ、ひしがれた西側に断層が生じたといわれています。また約2000万～1500万年前には、山脈の麓まで海が浸入してきた一時期もあったようです。しかし第四紀に入ってからは、隆起の過程をひたすらたどって、現在の姿になったと聞いています。なお、第四紀というのは、**表1**に示したように、第三紀に続いて現在に及んでいる地質時代のことですが、気候の変化とそれに伴う氷河の消長と、これらに由来する海面変化などの特徴がみられる「人類の時代」でもあります。日本列島における山地や盆地の形は、主としてこの直後から始まる第四紀の約200万年の間に起こった激しい地質構造の変化による産物で、山地の隆起、地盤の沈降と埋積などの地殻変動によって造られたのです。**表1**にはこれらと関連する事項を少し具体的に記入しておきました。

1983年の日本海中部地震や1993年の北海道南部沖地震では、日本列島の日本海側に延びる南北の逆断層が動いたことがわかりました。これによっても、約200万年前から続く日本海側から日本列島に及ぼす圧縮力が、絶えず蓄積され続けている事実も確認されました。

以上の事実を含めて、これまでに行われた日本海の深海掘削調査や人工地震探査などによると、約200万年前より日本海の海底が東進し、日本列島が東西方向に圧縮された状態が今も続いて、山脈などを隆起させていることが明確になってきたと言われています。

アジアの地殻変動

平朝彦は、著書『日本列島の誕生』の中で、次のように述べています。

「最近になって東アジアの東縁では、様々な規模で地殻が割れて拡大している現象が、現在も起きつつあるということが、中国やロシアの地質データや地震のデータなどではっきり認識されるようになってきました。なおかつこの分裂現象は、現在だけでなく、日本海の拡大時期よりさらに以前の約3000万年も前頃から、広域的に起こっていて、現在も続いているグローバルな地質現象であることがわかってきました。」

図23は、モルワイデ図法・斜軸法によって描いたインドからアラスカに至る地図です。この図を見ながらしばらくの間、アジア地域に起こっている地殻変動を見つめてみましょう。

前に詳しく述べたように、日本列島と遥か離れたアジア大陸の西側には、インド洋を北上してきたインド地塊が4000万年前頃からアジアを東に押し始めています。この圧力は東に向かう地球の自転による圧力も加わって思いのほか強大な圧力になったようです。まず、インド地塊の一部がヒマラヤ山脈の南部を押し込んでヒマラヤ山脈を隆起させ、強大な圧縮力がチベット高原を押し上げました。その影響は天山山脈を越して更に奥のバイカル湖地域にまで及んでいます。また南方では、南中国やインドシナを東に

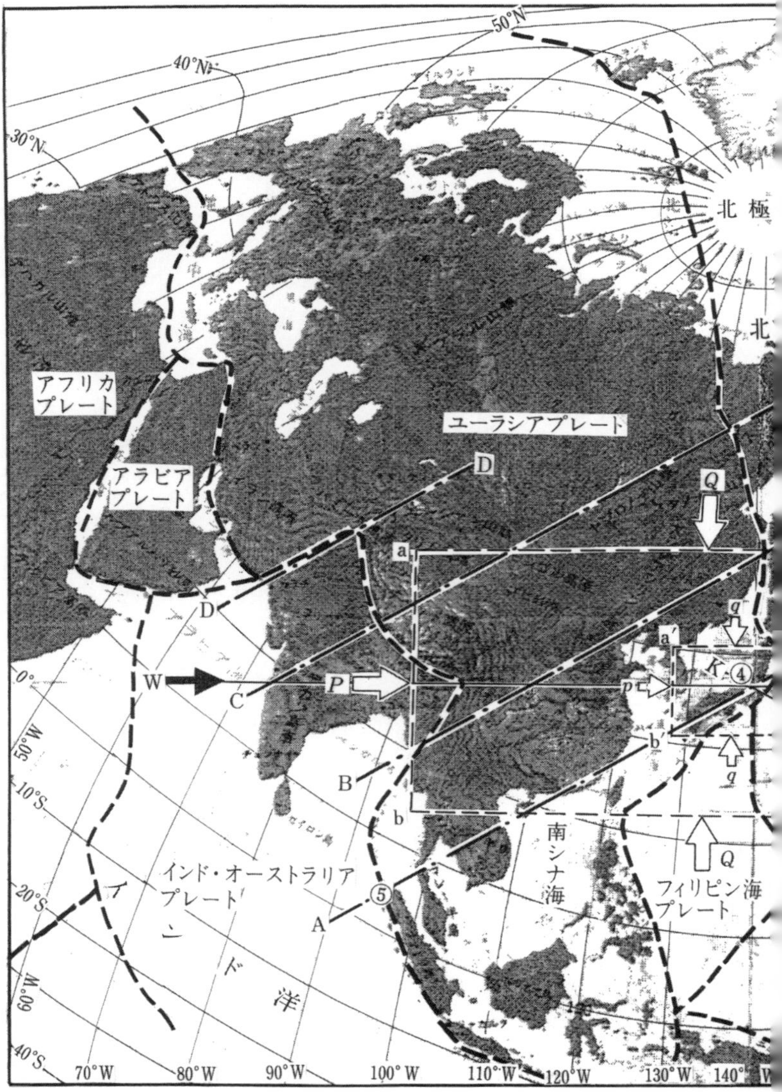
50°N
40°N
30°N
北極
北
アフリカ
プレート
アラビア
プレート
ユーラシアプレート
D
D
Q
q
q
Q
a
a′
b
b′
K ④
W
P
p
C
B
A
⑤
0°
50°W
10°S
20°S
60°W
40°S
南
シナ
海
インド・オーストラリア
プレート
フィリピン海
プレート
イ
ン
ド
洋
70°W
80°W
90°W
100°W
110°W
120°W
130°W
140°

図 23　アジアの巨大

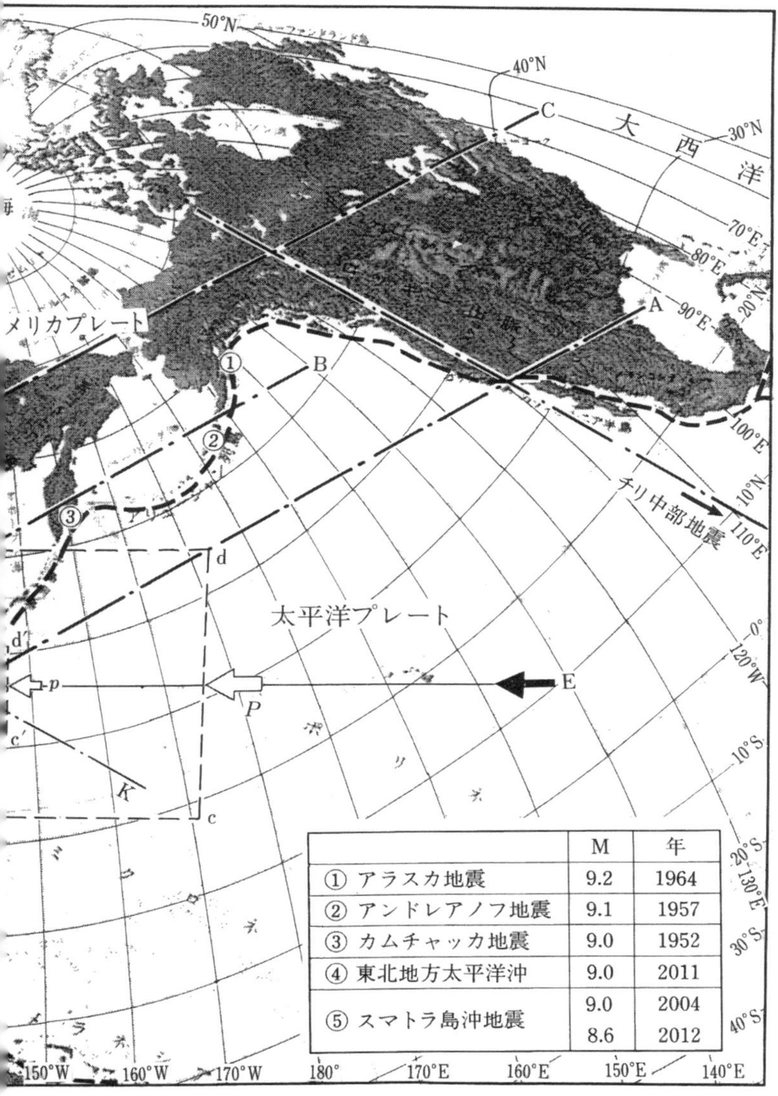

	M	年
① アラスカ地震	9.2	1964
② アンドレアノフ地震	9.1	1957
③ カムチャッカ地震	9.0	1952
④ 東北地方太平洋沖	9.0	2011
⑤ スマトラ島沖地震	9.0	2004
	8.6	2012

地震と地殻変動

圧縮して複雑な地形を現出し、周囲に多くの断層地帯を造り出しています。

＊

さて、このように3000万年前の頃から、東は太平洋プレートやフィリピン海プレートから圧力を受ける極東の日本列島、西は先に指摘したインド方面と、アジア大陸の東西から圧縮され続けてきたこの大陸プレートには、この頃になって果たしてどのような異変が現れ始めたのでしょうか。このような観点から日本列島の外に視野を広げて、アジア大陸の地殻に現れた変状の様子を見てみましょう。まず、図23においてハワイ島とインド西岸を結ぶE-W線と30°の角度を取って、東日本太平洋沖地震の震源を通るA-A線を引きます。この線を東に延長すると太平洋の対岸でロサンゼルスにたどり着きます。また、この線を西に向かって延長すると、マレー半島を越えてスマトラ島の北端に着きます。東方のロサンゼルス近郊では、1971年にサンフェルナンド地震（M6.5）が発生し、アースダムや道路などで大規模な地盤流動が起きています。一方、西方のスマトラ島沖の図23に⑤と示した場所では、2004年と2012年にいずれもM8以上の大地震に見舞われて、大規模な津波被害を受けています。

中国も、地震が多発する国として有名です。首都北京に近い唐山では1980年に大地震が起こり、その人的被害の多さに驚かされました。黄河の流れを支配する山西地溝帯は、現在も北北西から南南東の引っ張り軸を持って分裂していると考えられています。西安の周囲に広がるウエイ

（渭）盆地を南南西に下ると、そこには広大な四川盆地が広がっています。この盆地の周辺で大地震が起こることはこれまでも珍しくなかったのですが、近年は地震地帯がさらに南下して、中国とミャンマーが接する国境地帯でも、かなり規模の大きい地震が発生しているようです。この地域の南東に広がる南シナ海は、北北西から南南東の方向に直交する拡大軸によって、日本列島が形成したのとほぼ同じ約 2500 万年前から 1500 万年前にかけて拡大した海盆であると言われています。現在は活動を停止しているようですが、中国南方で多発している地震との関連はないのでしょうか。これら中国で見てきた地震の多発地帯を繋いだ図 23 の B-B 線と、東西方向に引いた E-W 線とは、ほぼ 30° の角度で交わっていることがわかります。また、この線を更に北東にたどると、中国東北の長春あたりからロシアに入ってハバロフスクなどを通過しています。

*

一方、インド北部でアラビア海に注ぐインダス川の河口から、B-B 線に平行に引いた D-D 線の周辺地帯でも地殻がかなり褶曲していて、激しい地殻の変動があったことが窺えます。なお、インドからバイカル湖に向かって引いた C-C 線沿いの地殻変動については、インドの衝突に含めて述べましたのでここでは省きます。

*

アジアのほぼ全域にわたって以上のような変状の特徴がみられるのは、果たしてどのような理由によるものなのでしょうか？　ユーラシア大陸の東アジア一帯が形成された当時の状況を、図 12 によって振り返ってみましょう。まずこの図に示した東アジア地塊群のうちブレヤ、中朝、揚子、東南アジア地塊と、これらに並ぶ中部アジア、チベット、およびインドなどの地塊群は、先カンブリア紀から古生代前期にかけて形成したようです。これらの地塊は北上して合体する際、次々に衝突して海溝堆積物、海洋底堆積物その他がそれぞれの地塊に付加されました。しかし、これら付加体のうち脆弱な部分は沈み込み、その上に周辺の土砂が堆積し、連続して断層褶曲体が造られていったようです。先に述べた B-B 線や D-D 線などに沿った変状地帯は、ほぼこの褶曲体に沿って形成されたものでしょう。今日に至っても絶えることなく盛大に続いている、地震による地殻変動やその他の自然災害を見れば、約 4000 万年以上前からアジア大陸を東西から圧縮し続けてきた強大な力は、今日もなお衰えることなく、図 23 に a-b-c-d で示した領域あたりに存在し続けていることを思い知らされます。

日本列島の地殻変動

前にも紹介した平朝彦『日本列島の誕生』には、次のような解説があります。

「我々の国土を造る地殻は様々な力を受けています。ある物質が単位面積当たり受ける力を応力といい、応力がどの方向から働いているかを面的に表したものを応力場といいます。地質調査を行うと、地殻がどのような力を受けてきたか、すなわち応力場の歴史的変化を知ることができます。日本列島の応力場を研究した竹内章氏などの結果によると、約100万年前から東北日本から西南日本の全域にわたって、東西方向に圧縮軸を持つ応力場が卓越してきたことがわかったのです。この圧縮力こそが日本列島の山地の起伏を促した原因であることがわかります。」

ここで示された1948～1967年までの地殻の短縮方向の要点だけを拾ってみたのが**図24**です。全般的に見ると地殻の短縮方向すなわち圧縮方向は、矢印で示したように東西方向とほぼ一致しています。特に南北に延びる奥羽山脈ではこの傾向が著しく、山脈が東西方向の圧力で圧縮されて隆起したことが明白です。しかし、西南日本の東海から四国までの太平洋側は南東に近い方向からも圧縮されているようで、これには日本列島の付加体とフィリピン海プレートが関係しているのではないかと推測しています。

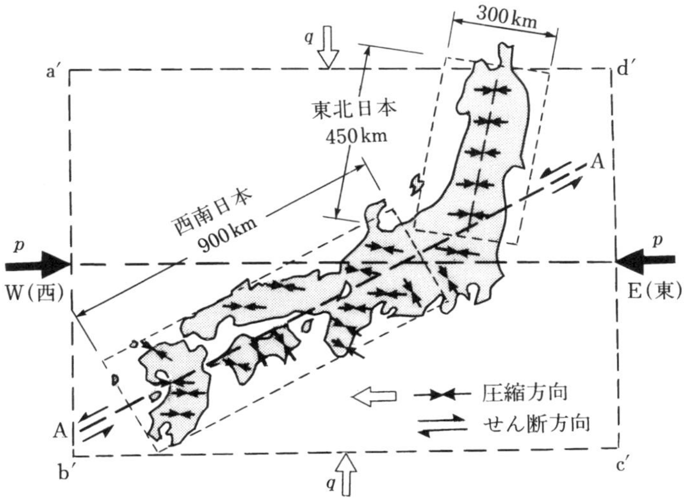

図24　日本列島の地殻変動

＊

さて、ここで地殻に作用する応力と、この応力によって生じる地殻の変形などについて少し触れておきます。

まず対象として取り上げる地殻の場所を次のように選びました。アジアの地殻変動を考える際には、図 23 の中で a-b-c-d にわたる広い区域を選びましたが、今度の対象は先の領域の中から、日本列島を囲む a′ b′ c′ d′ で示した狭い範囲を用いました。この区域の地殻には図 23 または図 24 で見られるように、東西方向から最大主応力 p が作用し、南北方向からは最小主応力 q が作用して膨張に抵抗しています。この作用応力の成分は図 25(a) に示したように応力を分解して、等方圧縮成分と異方せん断成分に分けることができます。このように置き換えることによって生まれる等方圧縮成分は地殻を束ねて圧縮する力になり、この等方成分が大きくなるほど地殻が堅硬になって強度を増すことがわかります。しかし、一方の異方せん断成分はこの値が大きくなると、図 25(b) に斜めの破線で引いた、せん断面を生じてすべり破壊を起こすようになります。ただし等方成分を占める水圧は、過剰間隙水圧としてマイナスの働きをすることがありますから油断ができません。なお、図 23 に示したようにほぼ東西方向から最大主応力で圧縮されている日本列島では、最大主応力の作用方向すなわち東西線の方向から〔45 − ϕ/2〕の角度をもって形成される、せん断面（断層面）に沿ってすべり破壊が進行します。ここで作った図では、一般の地盤で考えられている 30° 程度の値を地殻の最大せん断抵抗角として用いましたが、不合

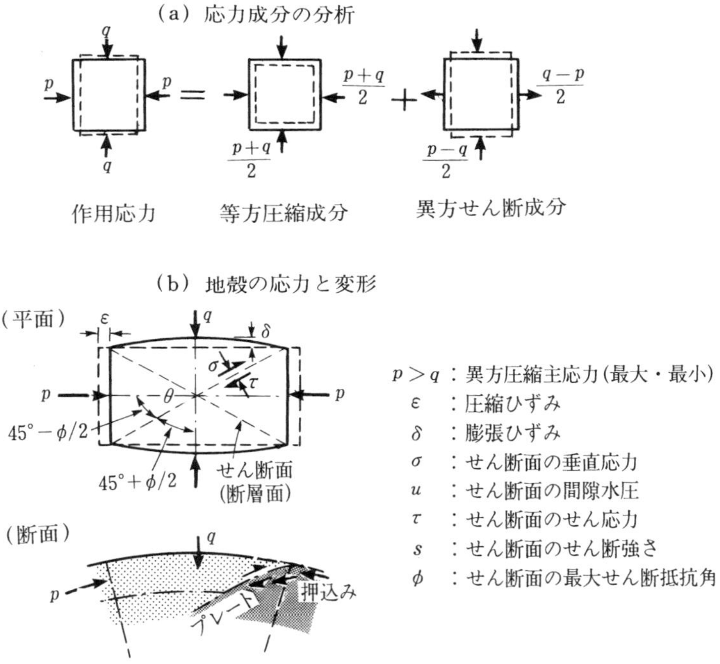

(c) 地殻のせん断強さ s と抵抗角 θ

$$s = \tau_{max} = (\sigma - u)\tan\phi$$

$$\theta = \tan(45^\circ \pm \phi/2)$$

図 25　地殻の応力と変形、せん断強さ

理はほとんどみられませんでした。

*

さて、以上のようにして引いた1本の線が図23に示したA-A線で、東西を示す主応力線E-Wから約30°傾斜させてあります。この線は図23のほかに、図12その他にも引いてありますが、この線は東日本太平洋沖地震の震源を通り、西南に向かうと、浅間山付近、琵琶湖、佐多岬、阿蘇山を通過し、さらに延長してマレー半島を越えると、スマトラ島沖地震の震源にたどり着きます。逆に北東を目指し、太平洋を越えて延伸すると、サンフェルナンド地震の震源である北アメリカのロサンゼルス近郊を通過します。

このように見てきますと、図 23 その他の図中に引いた A-A 線は、大地震と深い関係があり、先にアジアの地殻変動でとりあげた B-B 線と同じように、地殻変動を起こす根源となる震源の場所を示しているものと思います。そこで今一度、大地震の震源を探る観点で A-A 線をたどってみました。まず 1891 年に美濃・尾張の国境に起こった濃尾地震は M8.4 の大地震で、根尾谷断層などの出現で有名ですが、この地震の震源は A-A 線の直下に位置しています。また 1995 年に発生した兵庫県南部地震（M7.2）の震源も、ほぼ A-A 線に一致する淡路島北端の位置でした。更に 2013 年に入ってから間もなく、栃木県北部を震源とする M6.3 の地震が日光市の周辺を襲いましたが、この地震は 2 年前の東日本太平洋沖地震に誘発されて起こったと言われています。これらの震源の位置のすべてが A-A 線とほぼ一致しています。

以上の説明で使用した図面では、縮尺が小さく詳細なことがわかりませんので、かなり縮尺の大きい地形図を用いるとどのようなことがわかるでしょうか。図 26 では、図 23 で引いた A-A 線や B-B 線と平行に線を引いたほか、地形が極端に変化する箇所、海岸線がほぼ直線状に落ち込ん

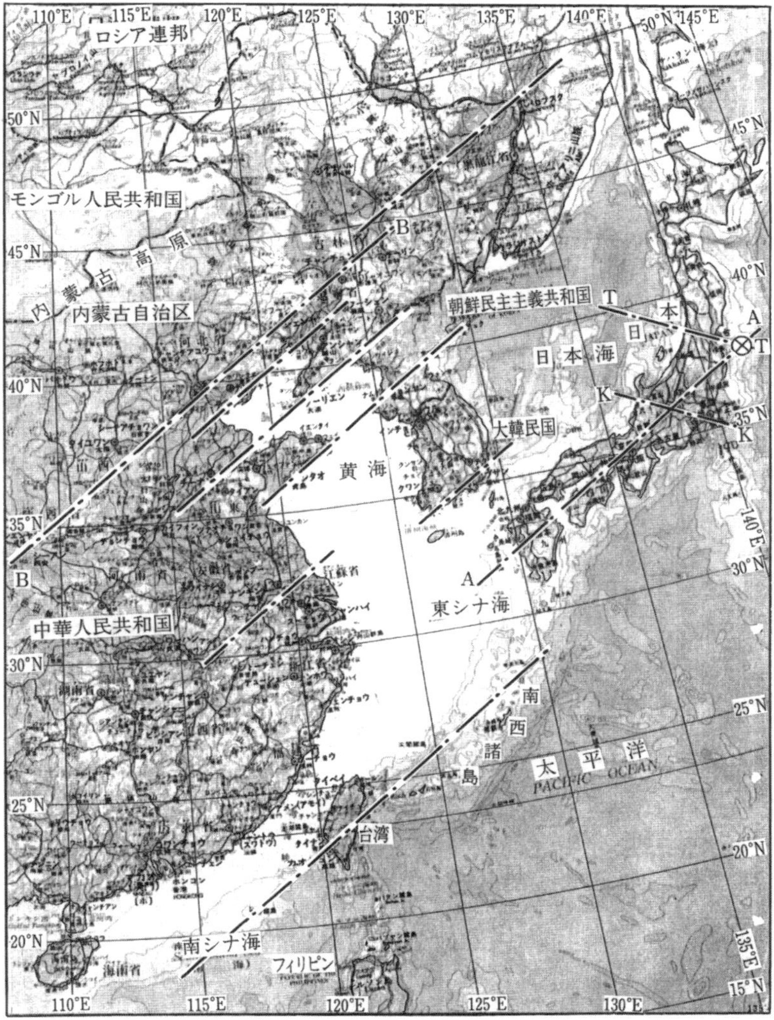

図 26　アジア東部の地形

でいる区間、長大河川下流区間の直線部を選んで、A-A 線に平行な線を引いてみました。この結果は図のとおり、予想以上の箇所でしかも長距離にわたって平行線が引けることを知りました。

これらの線を眺めていると、かつて地球上のある地域に地塊群が集まって、それぞれの大陸地塊が形成された時期から、地塊中央部を形成した高地より、地塊の縁辺部を構成した低地の地盤の方が遥かに脆弱であり、周囲の傾斜地の地盤がさらに、不安定であることが決まっていたように思われます。特に海岸線の直線部や大河川下流部に A-A 線と平行する区間がこんなに長く続いているとは、全く予想もしませんでした。

*

日本の地震災害で最多の犠牲者を出した、1923(大正12)年の関東大震災から 90 年が経ちました。10 万 5 千人余の犠牲者の 9 割近くは火災による焼死であったようですが、その原因をたどれば地震（本震：M7.9）であることは明らかです。この大地震の震源の位置を、本震と主な余震に分けて図 22 に書き入れておきましたが、余震の③までは本震の直後に起こり、④と⑤は 1 日遅れ、⑥の丹沢地震は 3 カ月余をおいて発生しています。図 22 の中で、山腹崩壊によりほぼ全山の山頂部が雪を頂いたように真っ白になっていたという丹沢山塊と、地震による崩落が重なって変形した房総半島の鋸山を結んだ線を西北に延長しますと、長野県の岡谷付近で A-A 線と交差します。図 22 で見られるように K-K 線と名付けたこの線と、A-A 線との交角は約 60° を示しており、その中央を東西線が等分に分けています。この K-K 線を房総半島側から西北にたどると、横須賀、鎌倉、厚木などを通過し、丹沢山地から富士見高原を通って岡谷、焼岳方向に向かいます。岡谷付近では前に述べたように A-A 線と交差しますが、ここではフォッサ・マグナとも交わっていることに驚きを感じます。

なお、図 22 で関東平野の南部を今一度ご覧ください。北方から流れ下ってきた利根川は、A-A 線を過ぎた頃から流れの向きを大きく変えて、ほぼ K-K 線と平行し東南に向かって流れ太平洋に注いでいます。そればかりでなく、この川の南部を流れて東京湾に注いでいる荒川と多摩川の流れも、利根川や K-K 線とほぼ並行して流れています。このように流れの方向が一致して、K-K 線とほぼ平行に流れていることには何かの理由があるのでしょうか。

なお蛇足になりますが、驚きと言えば図 23 で見られるように、ロサンゼルス付近から南米の太平洋側に向かって、K-K 線に平行に引いた線をたどると、1960 年に起こったチリ巨大地震（M9.5）の震源付近にたどり着くことでしょう。

3
地震による地殻変動と地盤災害

地震を探る

これから少しの間、地震とは何かということで、地殻に作用する応力やこの応力によって生じる変形などの多少理屈っぽい話をします。先に述べたことと重複する部分も少しありますので、億劫だと思われる方は飛ばして先へ進んでください。

ある学術用語辞典で「地震」という言葉を引いてみると、「地球のごく表面を構成している地殻、マントルなどに長年にわたって蓄積されたひずみエネルギーが岩石の破壊によって瞬時に解放され、地震波を発する現象を地震という」とありました。また別の本によりますと「地震は地下の岩体のずれ破壊現象である」と説明されていました。

私たちの地球は半径約6400kmありますが、深さが670kmより深い下部マントル以深では地震は起こっていません。ほとんどの地震が上部マントルの上層から地殻にかけて発生しているようなので、図25に示したような平面と断面を持つ地殻を対象にして地震を考えてみることにしました。この図にはいろいろな方向から見た断面が描かれていますが、それらの断面に働いている単位面積当たりの力を「応力」と呼んでいます。水中などで働いている「応力」は、普通「圧力」と言い換えていることがあります。これらの応力にはいろいろなタイプがありますが、平面的に見た場合、図25(a)のような等方圧縮成分と異方せん断成分に分けられます。前者は水圧のような等方応力ですから地震には関係しません。一方の異方せん断成分が地殻にずれ破壊を及ぼす応力で、主応力差または軸差応力とも呼ばれ、地震によって地殻をせん断破壊する本命の応力なのです。

さて、地殻はマントルから出てきた「あぶく」のようなものとも言われ、比重はマントルに比べると遥かに小さい値です。地殻の厚さは大陸の底では約 30 ～ 50km ありますが、海洋底では約 5km 程度だと推定されています。地殻は以上のようなせん断応力によって変形しますが、変形をひずみで表したとき、応力が大きくなるのに比例してひずみが大きくなり、応力をすべて取り去るとひずみが同時に 0 になる性質を持っていれば、その地殻は弾性体であるといえます。これに対して長時間応力をかけ続けていると、応力を取り去ってもひずみが元の 0 まで戻らず、変形したままの状態に留まっている地殻は塑性体であるといえます。

地殻は完全な弾性体とはいえないようです。たとえ地殻が生まれた時にはほぼ弾性体であっても、長年、地震などによる変形の履歴を重ねると、次第に塑性体の性質を持つようになります。こうして応力の増加や繰り返しが重なるに従って、変形が進み、ひずみがある限界を超した時、せん断破壊すなわち地震が発生するのです。このようにして生じたせん断破壊面を、地震によって生じた断層面と呼び、この面を境にして、地殻が互いにずれ動く現象を地震と呼んでいるのです。

以上のように、主応力差が大きいか、地殻の強度がもともと弱いか、いずれかの箇所から地殻の破壊が地震運動として始まるのです。一般に深さが約 10 ～ 20km までの上部地殻は比較的弾性的に挙動するため地震が多発すると言われていますが、それより下の下部地殻は塑性的であり、変形してもひずみが先行して応力が生じにくいため、地震の発生が少ないとも言われています。このようにして生じた震源の地震による振動や、変形が図 27 に示したように周囲に及んで、山腹崩壊、地すべり、液状化による建造物の沈下や倒壊などの地盤災害が発生すると考えられています。

以上から、私は地盤変動を起こす地震について次のように理解しています。

「地球の自転運動によって、プレート間には圧縮や引張りあるいはせん断などの応力が生じます。この状態が長く続き、せん断応力が次第に増加して、地殻の持つせん断抵抗を超すと、地殻はすべり面に沿ってせん断破壊します。このせん断破壊あるいは断層すべり破壊が地震と呼ばれる

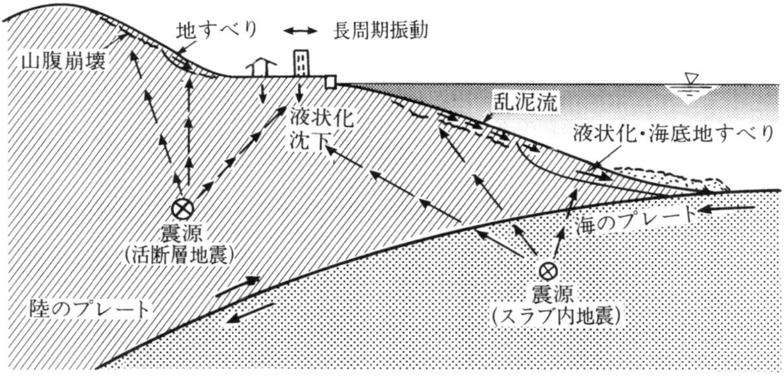

図 27　地震と主な地盤災害

ものて、すべり破壊の際に蓄積されていたひずみエネルギーは、瞬時に解放されて地震波が発生します。」

これではあまり説明が長すぎるように思われますので、思い切って「地震は岩盤の中の震源断層面を境にせん断破壊を起こす現象」とすればいかがでしょう。この破壊領域の面積は、地震の規模を表すマグニチュードが 4 の地震では直径か辺長が 1km ほどの円あるいは正方形に近いものとされていますが、マグニチュードが 1 大きくなれば破壊面の面積は約 10 倍になりますから、巨大地震では想像もできないくらい広い領域が破壊面になるようです。

基準、原理とモデル

土質力学では土の破壊基準として、一般に次式で示されるクーロンの破壊基準が用いられています。

$$\tau_f = s = c + \sigma \tan\phi$$

この τ_f は土の最大せん断抵抗力で、一般にせん断強さ s とも言われ、それぞれ固有の強度定数である粘着力 c と内部摩擦角 ϕ によって決まります。

粘着力とは、粘土が持っているような粘り気で、粒子を相互に粘着させる力ですが、砂質の土や水中にある土では無視できることが多いようです。特に海中における地震では、粘着力の乏しい砂質土の液状化が問題にされることが多いので、粘着力の出番はほとんどないようです。なお、σ は図 25(b) に示したようにせん断すべり面（破壊面）に作用している垂直応力ですが、海水や地中の地下水のように、間隙水圧 u が生じている土の場合は、図 25(c) のよう

に見掛け上の σ から u を差し引いた土粒子骨格に作用する垂直応力 σ' を用いています。

「水中で受ける浮力はその物質が押しのけた水の重さと同じ大きさである。」これは周知のアルキメデスの原理です。押しのけた水の重さはその体積と流体の比重によって決まりますから、清水か、海水か、あるいはもっと大きい比重を持つ濁水かなどによって全く異なります。極端な例で液体が水銀だったらどうでしょう。人間でも石でも持ち上げて表面に浮かべることができます。

それでは、液体が静水として留まっていないで、土石流や泥流のように流れている時はどうなるでしょうか？

図 28 は、土石流や泥流（岩屑、砂礫、泥土から木屑など一切を含む流水。その単位体積重量は真水よりも遥かに重い）などが、大量の土砂を下流に押し流す現象を模式的にとらえたものです。浮力によって粒子には上向きの揚力が与えられ、流れに乗った粒子には前面から受ける水に抵抗する抗力が生まれ、これらが合成されて土粒子には掃流力あるいは流力が備わります。粒子が大きくなると、粒子の衝突方向による応力の差によって、粗粒の礫や巨石ほど下に潜った細粒土砂が持つ揚力に押されて、上方、前方に押し上げられ、大きい掃流力が発揮されるようになります。このため上流ほど激しく洗掘されて川床の低下が進みます。

石川県の白山山頂から手取川水系の牛首川に沿って下ると、1934（昭和 9）年の台風時に大崩壊した別当谷から土石流で運ばれてきた巨大な岩を眺めることができます。場所は白山温泉から市の瀬を経て、かなり下った白峰郷の河

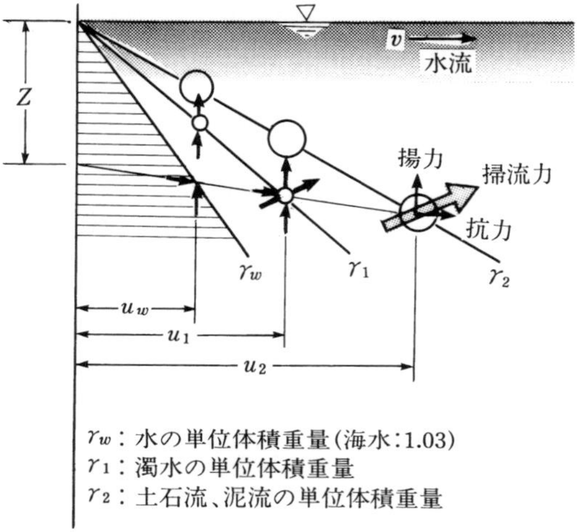

図 28　土石流などの洗掘、掃流力

原です。ここで付近の家屋にも匹敵する容積を持つ、通称「百万貫の岩」が鎮座する様を眺めた誰もが、土石流の不思議な威力を考えるということです。また、大地震の発生後には海底ケーブルの切断事故が多発するようですが、この主犯と目されている乱泥流の速度が時速 30km を優に超すことを聞くと、誰もがその威力を納得するということです。

四国海盆の南海トラフ上部層を形成している砂泥の互層は、約 600km も離れた富士川を中心とする駿河湾とその沿岸域から、約 500 年に 1 回の割で起こる地震のたびに、次々に流されてきた乱泥流の土砂で形成されていると言われています。しかしこの乱泥流がやって来る約 600km の流路の平均傾斜は、1°にも満たない緩い勾配です。これに対して東日本太平洋沖地震では、仙台空港から東に向かって約 175km 地点の震源を通過して、日本海溝に至る約 260km の海底の地表を見ると、平均傾斜は約 3° を超しており、海底堆積土の移動には十分すぎる勾配があったと言われています。

それでは、次にモデルのことについて一言述べておきます。それは地震予知などで使われているアスペリティモデルのことです。この言葉は 1980 年頃から地震学の金森博雄先生と Lay. T 博士によって初めて使われたということです。

地震によって生じる断層面（せん断面）の上には、強度（断層のずれにくさ）が高い部分と低い部分があり、強度の高い部分をアスペリティと呼び、普段はこの部分で大陸プレートに固着していると考えられています。すなわち断層面がずれやすいかずれにくいかはアスペリティで決まるというのです。これは先に述べた土の破壊基準で、すべり面における土のせん断強さが、土の性質とせん断面に作用している有効垂直応力によって決まるとされているのとほぼ同じようです。

しかしここで大きい相違がみられるのは、アスペリティではモデルを事前につくり、大陸プレートとの固着の程度を、接着なしから全面接着まで地域特性に応じてモデルを変更していることです。断層面（せん断面）の固着（強度）をどのようにして定め、どのように取り扱うのか、地震学とはほぼ無縁の私にはよく理解できません。

東日本大震災

東日本大震災（地震名：東北地方太平洋沖地震）は2011年3月11日午後2時46分、宮城県仙台市仙台空港東方約175km（宮城県牡鹿半島沖約130km）の海底に広がる太平洋プレートの深さ約24kmを震源として発生しました。地震の規模はM9.0、陸上の最大震度は7という巨大なものであり、インド洋大津波を引き起こした2004年のスマトラ島沖地震（M9.1）と同じタイプの地震とされています。

地殻の破壊は、発生した震央から周辺に広がり、岩手県から茨城県まで南北の距離約500kmに達し、西に向かっては日本海溝から西方約300kmの本州東辺に及んでいます。しかし実際の災害範囲はさらに南の千葉県北部にまで達しました。

震源が位置する東北日本の東岸から日本海溝に至る海底の地形がどのようなものか、現在の私には**図9**や**図11**に示した海底地形等を見て想像するしか方法がありません。この海域では水深5351mの海底でも、幅と深さが約1m、長さが約80mの亀裂が確認されているそうです。その程度の知識でさらに想像を広げて描いたのが、日本海溝沿いに北の東北脊梁山系を取り入れた**図29**です。

さて、震災から約1年が経過した2012年2月に、国土地理院が提供した「本震（M9.0）に伴う水平方向の地盤変動量とその方向」が発表されました。この資料は1995年の兵庫県南部地震以降に、全国の約1200地点に整備されたGPS観測点と、東北大学地震・噴火予知研究センター

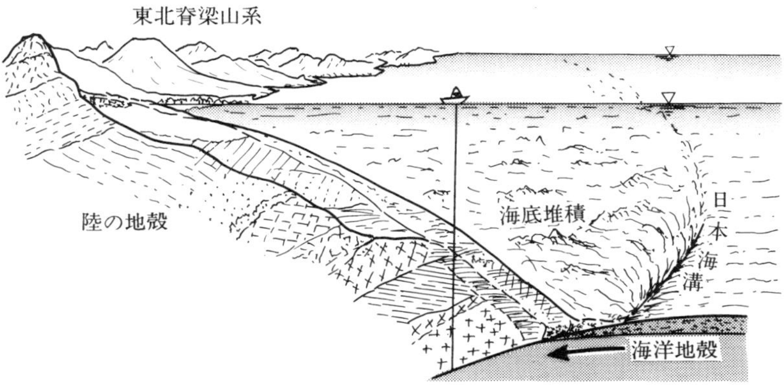

図 29　T-T 断面の地殻の想定

が設置している GPS 観測点で得られたデータを解析したもののようです。このうちの関係データだけを取り出して、太平洋と日本海の沿岸地殻の変動方向と変動量を示したのが図 30(a) です。この図は地震前の 2011 年 3 月 1 ～ 9 日の地殻の位置と、地震後の 2011 年 3 月 11 ～ 18 日のデータを比較した図から拾い出しました。この図の (a) と並べて右側に書きいれた図 (b) は、日本海溝側の対応する水平方向変動量と沈下量を比較してみたものです。ただしこの沈下量は震災後に行われた沿岸各地の沈下測定結果から拾い出した値です。この図によると牡鹿半島先端部の、牡鹿観測点から震源の方向に向かって最大の地殻変動が見られ、その水平値は 5.1m で、上下方向の沈降量は 1.2m でした。

以上のほか、震災直後から 1 年ほどの間に、新聞などで公表された地盤移動量の数値も含めて、日本海側の村上市

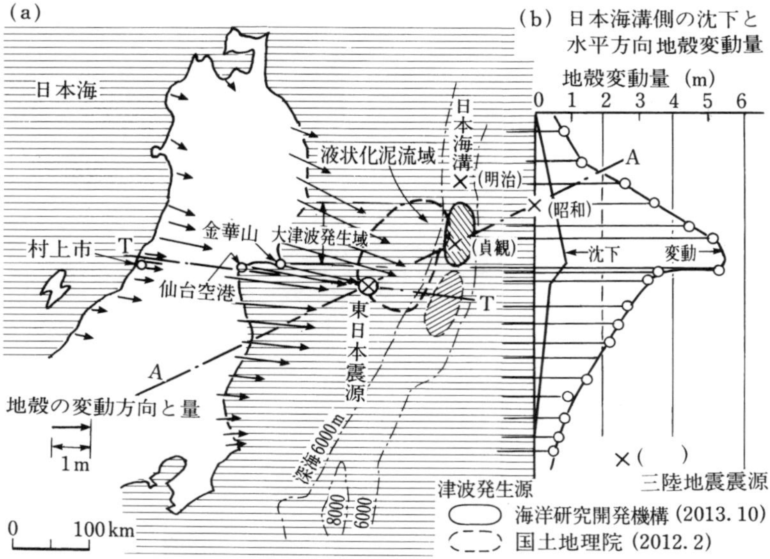

図 30 沿岸地殻の変動方向と変動量（国土地理院などの資料による）

から東の震源に至る間の T-T 断面の地盤に、地震によって生じた地盤の変動量（日本海溝に向かうずれ）を一括して図 31 に示しておきました。この図の (a) では、地盤の移動量を地殻岩石のずれと、海底堆積土のずれに区分して示しています。こうして地殻を地殻のごく上部とそれ以下の部分に分けてみますと、地殻岩石のずれがほぼ弾性的に行われているのに対して、海底堆積土のずれは塑性的で、地盤に生じたずれの分布をかなり合理的に説明しているようです。また量的に判断すると、仙台空港から約 250km 離れた日本海溝東端における地盤の移動量は、地殻岩石のずれが約 10m で、海底堆積土などのずれは約 50m 程度だっ

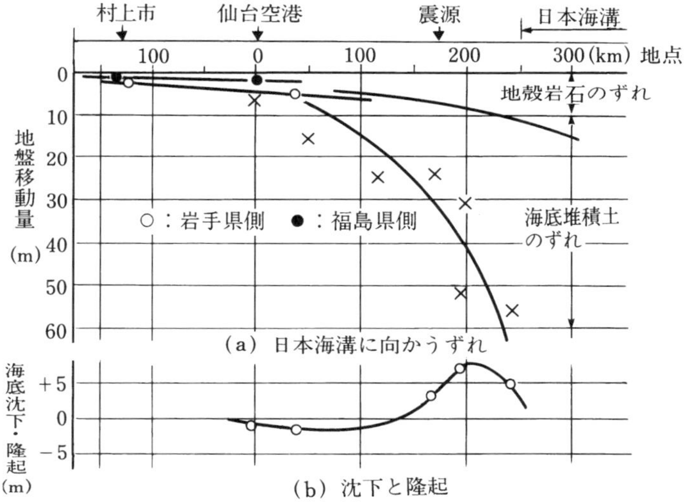

図 31　地盤の変動量

たように見られます。なお、この図の (b) には断面 T-T に沿う地盤の沈下と隆起の量が示してあります。

*

さて、地震というのは前にも述べたように、断層面を挟んだ岩盤が急激にずれ動くことをいいます。東日本大震災では地震動による被害はあまり見られませんでした。それよりもむしろ地震で起こった大津波が、海岸付近の施設や自然に大きい被害を与えたばかりでなく、驚くほど多くの人命を奪ってしまいました。東北の三陸沖ではこれまでにもたびたび地震に伴う津波が発生していましたが、これほどの大津波が地震によって起こるとは、その場所も規模も全く想定外だったと言われています。

日本列島付近に生じる地震の半分以上は、日本海溝と千島海溝の付近に震源を持つ、海溝型の地震であると考えられています。この型の地震では、プレートの沈み込みに誘発されて、しばしば太平洋岸に大津波を引き起こしています。三陸沖では1896（明治29）年に明治三陸地震が発生、1933（昭和8）年には昭和三陸地震が発生して、いずれも大きい津波被害を受けました。特に明治三陸地震では22000人（東日本大震災では死者約16000人、行方不明者約2000人）近い尊い命が失われたと言われています。

大津波が発生する仕組みは、図32のような大陸プレートの跳ね返り現象とされており、これまで一般に次のように説明されています。

「海洋プレートの潜り込む力に、撓みながら持ちこたえていた大陸プレートが耐えきれなくなって、図32に示した大陸プレート先端付近の地盤を矢印のように海側に跳ね

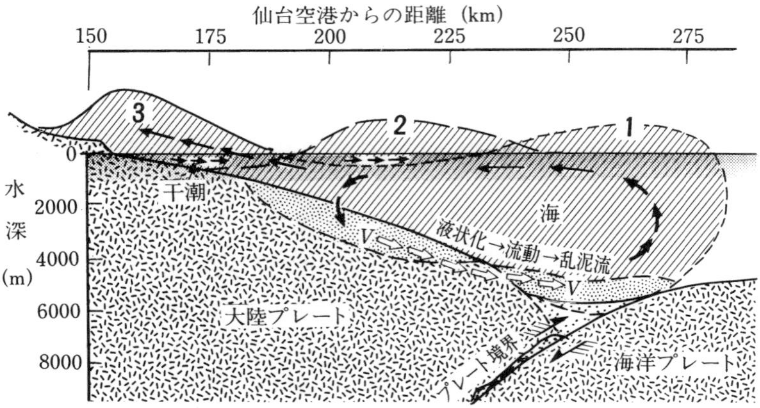

図32　海底地すべりと津波の発生

上げて、その上の海水を急激に持ち上げるため大津波を起こす。」

しかし、私にはこのような跳ね返りだけで、あれほど大規模な津波が起きるとは到底考えられません。地殻を構成している地盤は金属のような完全弾性体ではなく、一般に弾・塑性体としての性質を持っていて、プレートに潜り込む力に応じて徐々にずれを起こしながら撓むため、その反発力は想像するほど大きくはありません。図30において、日本海溝付近に見られた地盤の水平移動量が10m程度しかなかったことからも、地殻が跳ね上げる力だけで、あれほどの大津波を起こすエネルギーが発揮されたとは想像もできないのです。大津波と呼ばれるだけの大きなエネルギーを発揮するには、より強烈な衝撃を与える現象が海底地盤に生じることが必要でしょう。

*

次の図33は、東日本大震災において、太平洋岸に生じた津波の全貌を把握するために取りまとめたものです。左側の地域には津波に関係のあった沿岸の主な市町村などを、県別に北から南に書き出して、そのおおよその位置を○印で示しました。その右の欄には、海沿いの平地部に生じた地盤沈下量を×印で示しておきました。さらにその右側には発生した津波浸水高さおよび津波遡上高さを、地域ごと、図の右下に示した記号の区分に従って記入しておきました。この図を眺めてすぐ気付くことは、×印で記入した地盤沈下の分布形状と、●、▲、■印で記入した津波浸水高さの分布形状が極めて似ていることと、南北で極端に変化する特徴が、太平洋岸に生じた水平方向の地殻変動量の分布とも相似していて、それらの間に強い関連が示唆される点です。

なおこれらのうち、岩手県宮古市から宮城県女川町に至る三陸海岸の津波高は、なぜか群を抜いて大きいようです。17 ～ 18m という記録がある一方では、海面から 30 ～ 40.5m の高さまで、斜面を駆け上がって到達した遡上高の記録が見えます。また福島第一原発 1・4 号機（標高 10m）の海側の面で、確認された津波の高さは 14 ～ 16m で、地上から 4 ～ 5m の高さまで波が達したとされています。津波浸水高と遡上高あるいは津波痕跡には、はっきりしない箇所もあって、一概には首肯できない記録も含まれているようですが、想定を遥かに越える大津波が襲来したことに間違いはないでしょう。

ここで少し注目してみたいことがあります。それは 2013 年 10 月 8 日の朝日新聞に「津波発生源は岩手沖」という見出しで、次の記事が載せられていたことです。

「東日本大震災で高い津波を発生させた地域が、震源から約 150km 北東の岩手県沖にあることを、海洋研究開発機構のグループが明らかにした。これまでは震源近くの宮城県沖と考えられていた。」

この記事に付けられていた図を参考にして大津波の範囲を図 30 に書き入れてみると、その津波発生源から示される大津波の発生域は、ほぼ岩手県宮古市田老～宮城県石巻市・女川町の範囲となって、図 33 の津波記録ともよく合致しています。なお図 30 には、主な三陸地震の震源も書

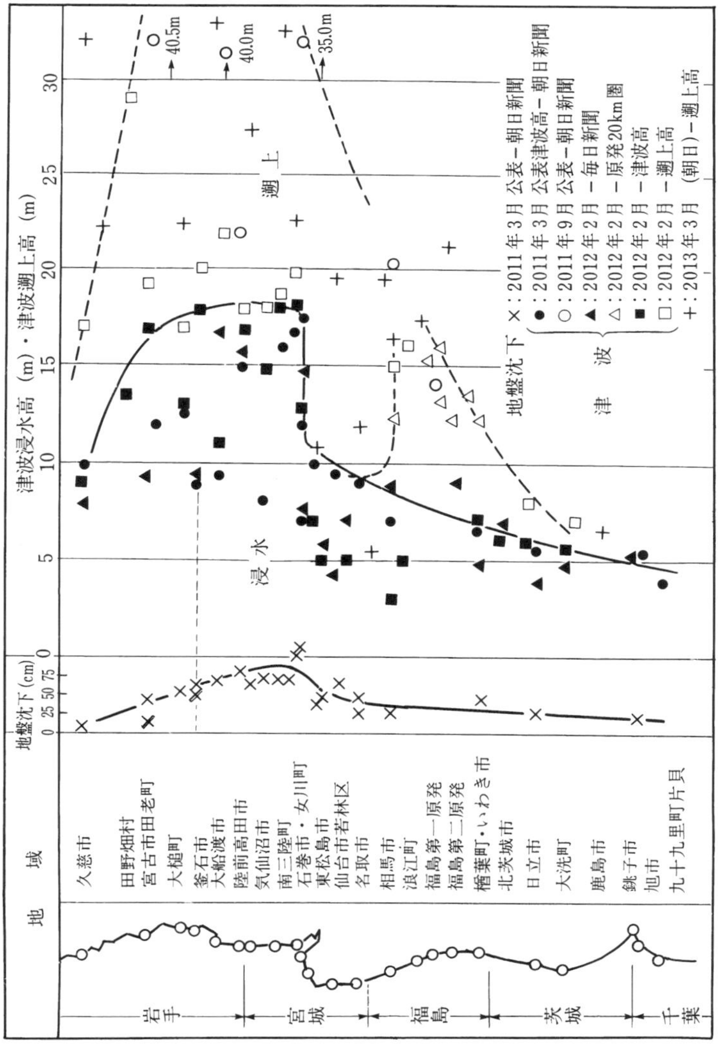

図33 津波の浸水高・遡上高および地盤沈下の地域別比較

き加えておきました。

こうして過去の三陸地震との関係を眺めると、津波発生源の多くが日本海溝を横切るA-A線上にあることに、私は改めて着目しています。

海底堆積土の液状化と流動

わが国で地震による地盤の液状化が問題になり始めたのは、1964年の新潟地震からです。この地震によって新潟市内では鉄筋コンクリート建物に倒壊、傾斜や沈下が生じたほか、大規模な落橋や地下埋設物の大被害等、これまでに経験しなかった液状化現象に驚きの話題が集中しました。その後、広域にわたって行われた地盤変動調査の結果、粘性土に挟まれた砂層に生じた液状化がこれら大被害の元凶であり、液状化によって広域にわたる地盤に側方移動が生じていることなども明らかにされました。

地盤が地震によって液状化するかどうか、あるいはその程度はどうかなどの問題については、地震動の振幅のほか地震動の継続時間の長短が大きく関係しているようです。土砂や岩塊などをより多く変形させ、より遠くまで移動させるためには、大きい力を一挙に加えるよりむしろ、小さい力であっても繰り返して長時間加え続けるほうが、効果的であることは液状化の面からもわかってきました。また粒状物質がせん断を受けた時に、その体積が変化するダイレイタンシー現象という性質との関連からも、砂の液状化は注目されるようになっています。このように液状化現象はまずまずの透水性を持っていて、地震動を受けると敏感に反応して大きい間隙水圧を発生するような緩い砂質土層と、ほぼ不透水性の軟弱な粘性土層などの互層からなる地盤に発生することが多いようです。したがって、傾斜が緩い地盤で常時には破壊の心配が全くなくても、地盤の地下水位が高いか、全く水中に隠れているような場合に、地震の振動による慣性力を繰り返して受け続けていると、液状化現象による地盤の破壊を起こして、広い範囲にわたって側方流動の害を被ることになるようです。

図 34 は、飽和した緩い砂質地盤に地震による液状化が生じる仕組みを模式的に示したものです。(a) は地盤の断面組成で、大きい石のように見えるのは粗い砂粒、細粒の砂は点、粘性土は横線で示しています。このような状態の土が地震の振動を受けると、(b)、(c) のように変形し、乱されて流動状態になります。これが液状化現象で、地震が終わって落ち着くと、以前は緩く詰まっていた土粒子も再配列が行われ、わずかですが砂の締め固めが進んで密度を増し、地盤には s の沈下が生じます。このような液状化現

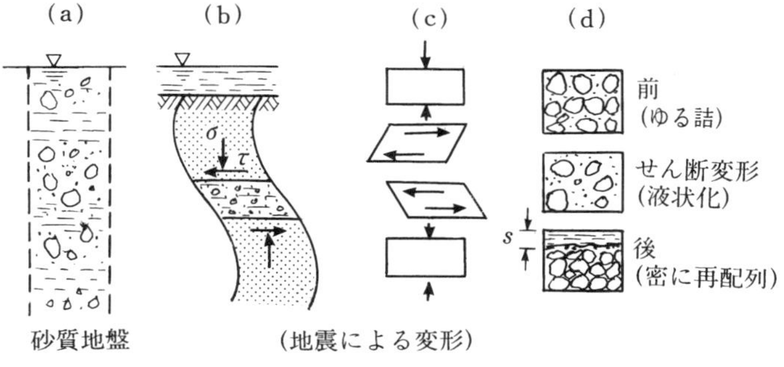

図 34　地震による砂質地盤の液状化

象については、國生剛治の著書『液状化現象』の中で丁寧に解説されていますので、ご一読をお薦めいたします。

＊

さて、これまでの液状化問題では主として陸上の地盤に生じる液状化を対象に述べてきましたが、海底に堆積したタービダイトなどに生じる液状化は、これとどう違うのでしょうか。**図 35** は、海底に緩く堆積した砂質土層が地震の振動を受け続けて液状化する様子を、発生する間隙水圧を測定することで確認している例を示しています。この図では、(a) に示した深さ H の海底地盤の表面から、更に Z だけ下った下部の位置で液状化が始まることを予想して、その深さに先端を置くスタンドパイプを設置して間隙水圧の測定を始めています。間隙水圧とは土粒子の間を満たし

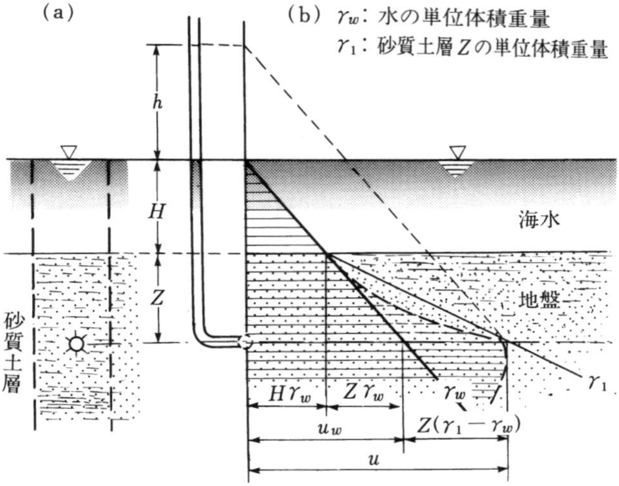

図 35　液状化が始まるまでの間隙水圧の変化

ている水の持つ圧力で、スタンドパイプの中の水面の高さを読み取ることで水圧の変化を知ることができるのです。

この地盤に地震動が及んで、慣性力によって土粒子が振動撹乱されるようになると、それまでの水圧を超える過剰間隙水圧が生じ始めます。発生間隙水圧の大きさは慣性力の大きさや作用時間によって変わりますが、同時に土質や砂質土を拘束している条件によっても異なります。地震動を受けて過剰間隙水圧が急激に増加した状態を示したのが**図 35** の (b) です。この場合、海水の高さ H は地盤内に生じる過剰間隙水圧とは無関係ですから、地盤内に生じた過剰間隙水圧は、土層から立ち上げたパイプ内の水位 h の変化を追跡して求めることができます。こうしてこれまで作用していた土粒子骨格間の有効応力の一部が、過剰間隙水圧に取って代わられて、次第に液状化し始めている状態を知ることができるのです。**図 35** の例では、砂質土層の深さ Z の場所で、土の間隙水圧が極限の全応力まで達し、この深さから地盤の破壊が始まろうとしている状態が判断できます。

液状化による海底地すべり

地すべりは陸上でも海底でも同じで、重力の作用によって土塊が斜面の下流側に移動する現象です。地震で起こった乱泥流がきっかけになって起こったことがはっきりしている海底地すべりの例は世界的に見てもかなり多いようです。大規模な海底地すべりでは、たとえ沿岸から遠く離れた場所に起こっても、その場所から至近の沿岸を選んで大津波が襲う例は珍しくありません。海底地すべりの痕跡が残っている海底の勾配は一般に緩やかで、1%以下の例が多いようですが、すべり出した土量は勾配の急な陸上で起こった地すべりを遥かに凌駕し、移動距離でも100kmを超えた例も知られています。

図32は、海底地盤を形成している緩い砂質土の一部に発生し始めた液状化が、急激に周辺に広がって広範囲にわたって、堆積土が乱泥流を起こし、海溝に向かって地すべり崩壊を起こした例を示しています。このように地盤の振動が続いて、水圧が上昇し、有効応力が0に達すると、液状化が始まって液体と同じような動きが生じて遠い場所まで流動して行きます。1995年の兵庫県南部地震でも埋立地のマサ土は、液状化すると単位体積重量が1.8トン/m^3程度の液体と同様な性状を示したようです。以上のように地盤のすべり出しが始まる直前から、上流側の地盤に引張力が働き、下流側地盤には圧縮力が働くため、激しい乱泥流を生じることなしに移動した地すべりの場合は、下流側地盤の表面に多数の噴砂、墳泥の跡が残されていたと言われています。

*

それでは、海底地すべりとはどのようなもので、どうして起こるのでしょうか？　まず、図36に海底地すべりの一例を模式的に画いておきました。この図では液状化が(a)に示した海底地盤内の点Pから始まったとして、水圧と過剰間隙水圧の関係などを示しています。

単純に理解できるように、(a)図で示した広いすべり面

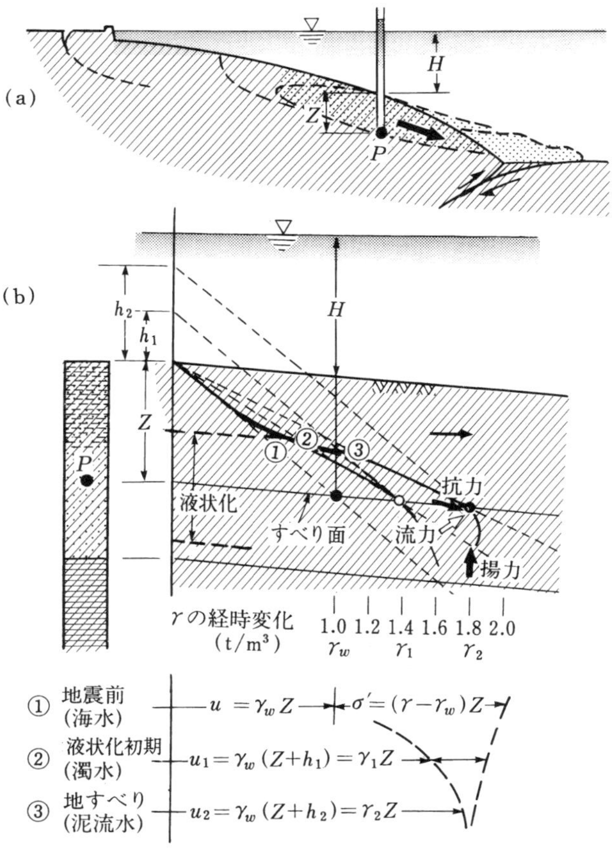

図 36　地震時におけるすべり面上 P の応力

上の土層を、(b) 図のように狭い範囲の P 点上の土柱に書き換えて説明します。このため図 36 では海深 H を 0 と仮定し、海底面の傾斜もほぼ 0 に近いとして、これを無視することにしました。また海水の単位体積重量を真水とほぼ同じと考え、地震の振動によって濁水となったときの比重は約 1.4、液状化して泥流となったとき約 1.8 になっているものと仮定しました。図 (b) は以上の条件で海底に堆積しているタービダイトの中に生じた間隙水圧分布を、次に示す①②および③の時期に分けて示したものです。まず、①は海水による静水圧のみを受けている地震前の時期、②は地震が発生し、液状化が始まって、過剰間隙水圧が図のように発生し始めたばかりの液状化初期、③は地震の揺れがさらに続いて液状化が激しくなり、深さ Z 付近の砂層のほぼ全面に広がって、すべり面にある土が、浮力を受けて泥流化し始めた時期を示しています。

また、それぞれの時期における間隙水圧 u と、有効応力の値をそれぞれ図中に示しておきました。以上から深さ Z のタービダイトに流動化が進み、ついに乱泥流にまで姿を変えて、一挙に流下し始めることがわかります。したがって、地すべり土塊の大量流下が始まったこの時が、大津波の発生時期と考えるのが適当だろうと思います。

過剰間隙水圧が増すことは、その分だけ間隙水の比重または単位体積重量が大きくなって、浮力が増大したことを意味します。一方で土粒子の単位体積重量が減少した証ですから、この逆転が進むにつれて液状化は進みます。こうして液状化が進むほど、図 36 に示した過剰間隙水圧が大きくなって浮力が増大するのです。こうした地震動が長く継続すれば、過剰間隙水圧の増加はさらに広い範囲に及び、何かの衝撃をきっかけに図 32 に示したように地盤が流動し、ついに乱泥流となって海水を一挙に押し上げることになるのです。このきっかけになる衝撃は地震の振動だけでなく、誘発された津波の地響き、斜面が崩落する衝撃や交通車両の振動など、様々な誘因があるということが多くの事例から知られています。

*

以上のように、海底堆積土が液状化し、ある限界を超えると海底地すべりを引き起こし、津波を巨大化させることが理解できましたが、液状化の害はそれだけに止まりません。そのうち大きい被害は沿岸平地部に地盤沈下の害を広く及ぼすことです。この不同沈下によって建物その他の重量構造物の沈下被害はさらに大きくなりますが、地盤より比重の軽い地下室やマンホール等は逆に浮上する被害を受けています。さらに陸上や海底に設けた通信施設等に与える害も最近は目立つようになっているようです。

大津波の発生

プレートの沈み込みが引き起こす海溝型地震に誘発されて大津波が発生する仕組みは、陸のプレートの跳ね返りで説明されています。しかし前にも述べたように、私は海側と陸側の両プレート相互に蓄積された摩擦力が、一挙に解かれて海底地震が生じ、その振動に触発されて海底堆積の砂質土が液状化し、周辺堆積物の乱泥流を生じて海底地すべりを起こし、地震による地殻変動と重なって、ほぼ同時に起こる土砂の大移動が、海水に衝撃波を与えて発生するのではないかと考えています。このような一連の因果関係から、陸側に向かう波が出現し、次第に巨大化して大津波に成長しながら陸地を襲う状況を、図 32 でわかりやすく絵解きしてみました。

なお、津波が進む速さは海の深さが大きいほど速いことは、過去の事例や研究から図 37 のように知られています。この図では一般に知られている海の深さと津波の速さの関係について、それぞれ対数で取って両対数で示しています。図を見ると仙台空港沖約 250km の日本海溝付近で発生した津波が陸地に向かって進み、波の高さが図 32 に示したように、次第に巨大化して行く様子が目に浮かびます。地震に伴って発生した津波は、単に波浪が増幅されて大きくなった波と異なり、地震によって大きく隆起した海底面によって押し上げられて生まれたことがよくわかりま

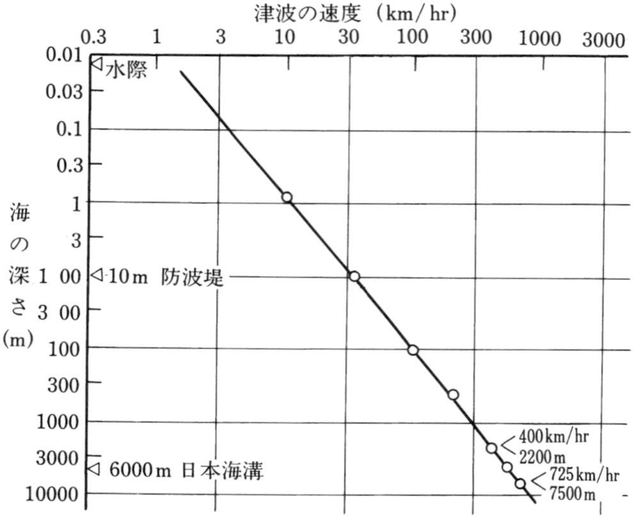

図 37　海深と津波速度の両対数表示

す。この広域にわたって盛り上がった海水が、周囲に拡散する際、陸地に向かう津波の水深は進行の前方より後方が大きいため、図 32 で明らかなように、津波後方の速度が前方より速くなります。このため後方の津波の部分が前方の波の後押しをする形になって、一層高い水位に押し上げられて巨大な津波に成長しながら陸地に襲来するのです。なお、図 32 には津波が陸に向かって襲来する過程で発生する沿岸の干き潮（干潮現象）による水位低下も書き込んでおきました。「干潮現象が発生する時期とその場所をよく知っていた住民たちは、うまく難を避けることができた」ということが、過去に生じた三陸地震の体験談の中に伝えられています。

*

図 38 は、東日本大震災における女川原子力発電所を襲った大津波の記録です。この原発は牡鹿半島の付け根にあって、太平洋に面しており、この場所から地震の震源地までの距離は約 140km で、その先さらに約 60km 進んだ、海深 6000m の太平洋の海底が日本海溝と呼ばれている場所です。図には女川原発取水口前面の海面水位と、取水口に取り付けられた潮位計による観測水位の変化が比較してあります。破線はそれら水位のほぼ平均値と思われる点をたどって引いた線です。地震の主要な震動は約 6 分間続き、この時から海面の水位がわずかに低下しましたが、図 38 で見られるように、15 時頃から海面の上昇が始まりました。その後上昇速度は徐々に増し、15 時 28 分に津波水位が約 13m に達した後、急激に下降しました。下降は 17

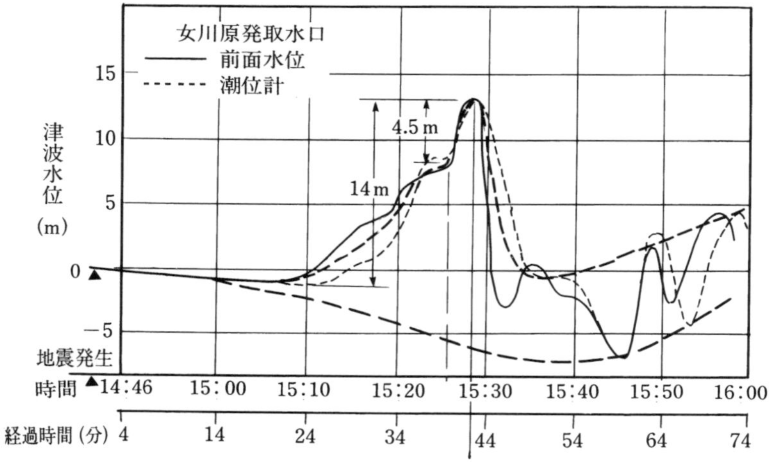

図 38　女川原発における津波水位の変化

分ばかりの間に－7m まで下がり、その後は再び上昇に転じました。以上の水位上昇から下降してしまう時間は 45 分で、そのうち上昇に 25 分が費やされています。この水位上昇過程で特に目立つのは、津波水位が最高位に達する直前の約 3 分前頃から、突然水位の上昇速度が速くなったことです。この水位の急上昇量は、図 38 で見られるように約 4.5m で全上昇量の約 3 割が約 3 分間に急上昇したのです。この時に何が起こったのでしょうか。私は現地の海底で生じた最後の乱泥流によってこの水位上昇が発生したのではないかと考えています。

その推測を少しわかりやすくするために、先に示した図 31 を (b)、図 38 を (a) として、図 39 のように対比してみました。約 5 分間続いた地震動の半ばから始まった陸側

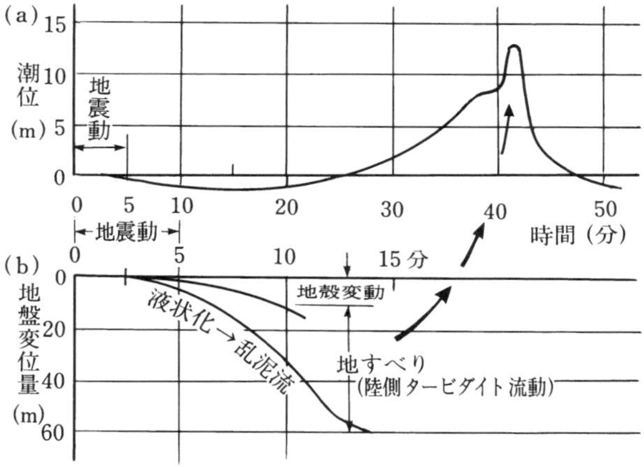

図 39　地震・地殻変動・津波の関係

タービダイト内の液状化が急速に進み、地震の始まりから10 分を経過する頃には、タービダイトはすっかり乱泥流になって、海溝に向かって地すべりのように流動したと考えられます。こうして図 (b) のように押し出された地すべりが、地震動によって生じた地殻変動に加わって、図の矢印のように海水を押し上げて未曾有の大津波を引き起こしたのだと思います。

このように見てきますと、想定外と言われるこの大津波を引き起こした元凶は、陸側のタービダイト流動による地すべりであって、もしこの地すべりが起きなければ、これほどの大津波にはならなかったのではないでしょうか。

いずれにしてもこの大津波は、図 38 に示した第 1 波に続いて、第 7 波まで続き、ほぼ 7 時間後に終息したと言われています。

＊

以上に述べた東日本大震災の巨大津波に関連して、2013年12月6日の朝日新聞に次のような記事が載っていました。

『日米欧などの統合国際深海掘削計画の枠組みによる研究チームが、6日付の米科学誌サイエンスに次の成果を発表した。

海洋研究開発機構の掘削船「ちきゅう」が、昨年（2012年）4～5月、宮城県沖東220kmの震源域の海底を掘り進め、地下821m付近で厚さ5m未満の粘土層を見つけた。掘削孔の中の温度を観測して、地層がずれ動いて生じた摩擦熱とみられる温度上昇を確認した。研究チームの氏家恒太郎（筑波大学准教授）は「摩擦熱で粘土層に含まれていた水分が逃げ場を失って液体のようになり、大規模なすべりを引き起こしたと考えられる」としている。』

巨大津波の発生については、諸説があるようですが、日を追うに従って多岐にわたっています。

あとがき

私たちが住む地球は、ご存知のように他の惑星と同様、太陽の周りを公転すると同時に24時間をかけて自転しています。また、地球上ではプレートがひしめき合い、地球内ではコールドプルームの下降やホットプルームの上昇など、騒がしい限りです。この騒がしい地球には重力があり、自転が続く限り地震はなくなりません。地震は自震で、地球上の場所によっては避けることもできません。水が地震動の動きを助長することは、地下水の多い低地や雨の多い山岳地帯に地震が多発することから明らかです。これは低地を構成する大河川流域の地殻が脆弱であり、大陸縁辺の傾斜地ほど地盤が不安定であるという事実からも証明されています。

最後になりましたが、いま少し触れておきたいことが残っていますので、蛇足になるかもしれませんが付け加えておきます。

その一つは、日本海溝の地震と南海トラフ地震を比較した図40です。日本列島には古来多くの地震が発生していますが、なかでも図40に示した日本海溝と南海トラフの地震による被害が突出しているようです。これらの地震によって被害を受ける地域が、日本古来の経済中枢の地であり、人口密集地帯のため、記録や記憶がより多く残されてきたせいもあって、被害が多いように見えるのかもしれません。このうち日本海溝地震の区域は太平洋プレート、一方の南海トラフの区域はフィリピン海プレートに面していて、プレートの進行速度はそれぞれ8〜10cmと、2〜4cmと推定されています。これに対して大地震の頻度は日本海溝が50〜100年で1回に対し、南海トラフで起こる大地震の頻度は100〜150年に1回と考えられてきたようです。ところがこれまでの記録をまとめてみた図40では、先に述べた予想とは全く逆のように見えます。この図をどのように見ればよいのでしょうか。

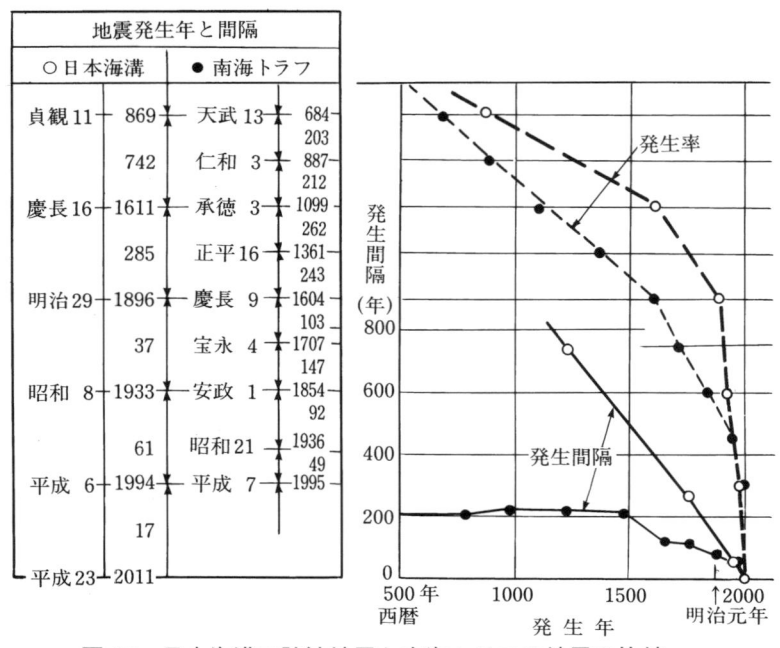

地震発生年と間隔

○日本海溝			●南海トラフ		
貞観11	869		天武13	684	
					203
		742	仁和 3	887	
					212
慶長16	1611		承徳 3	1099	
					262
		285	正平16	1361	
					243
明治29	1896		慶長 9	1604	
					103
		37	宝永 4	1707	
					147
昭和 8	1933		安政 1	1854	
					92
		61	昭和21	1936	
					49
平成 6	1994		平成 7	1995	
		17			
平成23	2011				

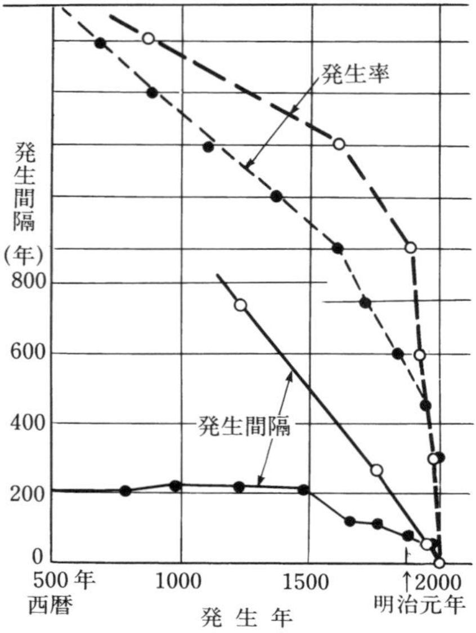

図40　日本海溝三陸沖地震と南海トラフの地震の比較
（年数は、中野尊生・小林国夫『日本の自然』および寒川旭『地震考古学』による）

南海トラフの付加体は、日本海溝の付加体とは比べものにならないほどの大きさを持っており、西南日本列島は南海トラフの付加体が成長して形成されたといえそうです。こうした南海トラフでは海側から徐々に堆積物が付加されていき、岩石は次第に硬くなっていきます。これに対して日本海溝では大陸プレートの岩石が削り取られた箇所も多いので、軟らかい付加体がある陸側には、硬い岩石が分布するようになります。これらのことが日本海溝三陸沖地震と南海トラフ地震の発生頻度に影響しているとも言われていますが、いかがでしょう。

*

次は、東日本大震災に際して生じた福島第一原発の大事故に関係することです。

戦後の日本は被爆国として核の廃絶を訴えてきましたが、一方では原子力が制御できないと知りながら、原発の建設を推進してきました。東日本大震災で手痛い失敗をしながら、最近は再び原子力発電稼動を急ぎ、よくわからない活断層調査の話題などが飛び交っています。しかし、現状では地震の予知も、地殻変動の予測も、まだ無理なことは周知のとおりです。何よりも、失敗したときに後始末ができないような手段を選ぶことは絶対許せません。狭い国土でひしめき合っている日本人、どこへ避難しようにも大陸の国のような行動はとれません。

避難先もなく、地殻変動が絶えない島国の日本列島がわが故郷、という事実をよく認識して、「どんなに有利なことであっても、後始末のできないことは絶対に始めない」

という道理を踏み外さないようにしたいものです。とはいっても、地球の将来のことを考えると「地球の下に潜り込むプレート運動を利用できないものか」など、年寄りの妄想には切りがありません。地球から地震をなくすことはできないでしょうから、せめて被害を最小にとどめる経済的な手段を早急に確立したいものです。

理学は自然の真理を追究して、発生する現象の解明を目指す科学で、工学の方は科学の成果を社会に役立てる技術を追求する学問であると言われています。ところが経済的なバランスを考えながら、地震の研究や予測とその対策を樹立する方法を見いだすことは甚だ困難なので、理学と工学の間ではしばしばトラブルを生じることがあると聞いています。

理学と工学の関係は、人間社会の夫婦関係のようなもので、どちらが男でどちらが女とは敢えて言いませんが、とにかく積極的に両者が協力し合う必要があると思います。理学だとか工学だとか、まことに日本人らしい縄張りの噂話を耳にすることがありますが、百害あって何の利益も得られない仕儀ではないでしょうか。

＊

いずれにしても地震動の判定に際して、海底地盤を弾性体としてその変動を追求するばかりでは、もはや間に合わないことだけは、誰もが認識していることでしょう。

いまや「構造物に大被害をもたらすM8.0以上の震動とともに、地盤の液状化をもたらし、高層構造物に長周期地震動の被害を及ぼす、5分以上の長時間の揺れに対してどのように対処するか」の長時間・大地震が問題となる時代です。新しい知見の出現を心から望んでやみません。

＊

この一編を手掛けるまでには、妻・フミ子の絶えない支えがありました。こうして上梓できたことに夫婦ともどもひとしおの喜びを感じています。

長年お世話になった方々に、心から感謝いたします。

2013 年冬

稲田 倍穂

参考文献

大木聖子・纐纈一起『超巨大地震に迫る』NHK 出版新書
鎌田浩毅『地学のツボ』ちくまプリマー新書
貝塚爽平『日本の地形』岩波新書
國生剛治『液状化現象』鹿島出版会
平 朝彦『日本列島の誕生』岩波新書
佃 為成『地震の前兆と予知』朝日新聞社
中野尊生・小林国夫『日本の自然』岩波新書
能田成『日本海はどう出来たか』ナカニシ出版 京都
寒川旭『地震考古学』中公新書
湊正雄・井尻正二『日本列島』岩波新書
NHK サイエンス ZERO『東日本大震災を解き明かす』NHK 出版
『メガクエイク 巨大地震』主婦と生活社

『世界地図帳』昭文社
『日本地図帳』昭文社
『世界・日本地図』国際地学協会
『世界大百科事典 世界地図』平凡社
『世界大百科事典 日本地図』平凡社

著者略歴

稲田 倍穂（いなだ ますほ）

1923（大正 12）年　愛媛県生まれ
1943 年　旧満州国立新京工業大学土木学科卒
1943 ～ 1949 年　学徒出陣・復員
1953 年　法政大学経済学部経済学科卒（通教）
1950 ～ 1968 年　建設省・日本道路公団
1968 ～ 1971 年　株式会社オオバ
1971 ～ 1995 年　東海大学工学部土木工学科
1995 年　東海大学名誉教授・工学博士

主な著書
『土質工学』『軟弱地盤における土質工学』など 6 冊（すべて鹿島出版会）
『日本列島渡来民族』『日本列島の歴史と日本人』など 4 冊（すべて文芸社）

技術者《ぎじゅつしゃ》からみた日本列島《にほんれっとう》の地震《じしん》と地盤《じばん》

2014 年 3 月 20 日　第 1 刷発行

著　者　　稲《いな》 田《だ》　倍《ます》 穂《ほ》

発行者　　坪 内　文 生

発行所　　鹿 島 出 版 会
　104-0028　東京都中央区八重洲 2 丁目 5 番 14 号
　Tel. 03（6202）5200　振替 00160-2-180883

装幀：西野 洋　DTP：エムツークリエイト
印刷・製本：三美印刷

ISBN 978-4-306-09432-1　C1040　　Printed in Japan

本書の内容に関するご意見・ご感想は下記までお寄せください。
URL：http://www.kajima-publishing.co.jp
E-mail：info@kajima-publishing.co.jp